富士山噴火と南海トラフ

海が揺さぶる陸のマグマ

鎌田浩毅　著

本書は2007年刊行
『富士山噴火　ハザードマップで読み解く「Xデー」』を
全面的に加筆・修正したものです。

カバー装幀　芦澤泰偉・児崎雅淑
カバー画像　南里翔平
（目次の画像も）
本文デザイン　土方芳枝
本文図版　さくら工芸社
ハザードマップ提供　富士山ハザードマップ
検討委員会

まえがき

富士山ほど美しい火山は世界的に見ても珍しい。日本一の高さを誇る美しい円錐形の火山は、年間３０００万人規模の人々が訪れる日本有数の観光地でもある。しかし、富士山がかつて大きな災害を引き起こしてきた「活火山」であることは、意外に知られていない。すなわち、いつ噴火しても不思議ではない active volcano なのである。

富士山の起源は何十万年も前にさかのぼることができるが、その原形をなす山体は、10万年ほど前に誕生したと考えてよい。これが溶岩流や火山灰などの噴出物を何度も大量に噴出して、現在の富士山ができあがったのだ。人間による記録が残っている有史以降を見ても、噴煙を幾度となく上げてきたことが『万葉集』をはじめ各時代の古文書などに記録されている。

いまから３００年前の江戸時代（１７０７年）にも、富士山は大噴火を起こした。「宝永の大噴火」とも呼ばれるこの噴火は16日間も断続的に続き、火山灰などの噴出物が横浜・江戸から房総半島にまで広く降り積もって、当時の人々に大きな被害をもたらしたのである。

それ以来、鳴りをひそめていた富士山の地下でまた地震が起きはじめたのは、２０００年の10月だった。３００年もの間、静寂を保っていた富士山が、まだ活きていることを多くの人に知らしめた事件であった。

もし現代に富士山が噴火したら、社会が高度化しているため、その被害は江戸時代のそれ以上になると予想される。そこで2001年、国と関係自治体によって「富士山火山防災協議会」が設置され、同時に、富士山噴火による災害を予測して被害を最小限に防ぐために「富士山ハザードマップ検討委員会」が発足した。そして2004年には「富士山防災マップ」として公表され、具体的な防災の指針が示されたのである。

このハザードマップは、何種類かのカラー図面と分厚い報告書からできている（図面・報告書ともインターネット上で公開されている）。これまでの富士山研究の成果をふまえた力作ではあるのだが、その内容はかなり専門的になっていて、一般市民が理解するのには骨が折れる。実際に防災担当者からも、もっとわかりやすくしてほしいという要望が多数寄せられてきた。

なによりも富士山が噴火したとき、このような難しいハザードマップでは、市民の避難に支障が出るおそれがある。おびただしい数の観光客にとってもしかりである。

そこで、富士山ハザードマップを一般読者にもわかりやすく解説するために、私は2007年に『富士山噴火　ハザードマップで読み解く「Xデー」』をブルーバックスから刊行した。幸い好評のうちに迎えられて第6刷を数え（2019年4月現在）、富士山噴火に関する定番書籍となった。

その後、この本をもとにテレビ各局が富士山に関するアカデミック・バラエティー番組を制作し、そのいくつかに私も出演し、解説する機会も得た。ちなみにこの本のプロローグ「２０ＸＸ年、富士山噴火」のシミュレーションは、こうした番組制作の際の台本作成にも活用された。

ところが、その後の２０１１年に起きた東日本大震災によって、富士山をめぐる状況は一変した。東日本大震災は発生した日付の3月11日を取って「３・11」と呼ばれるが、その4日後に、富士山では震度6強の直下型地震が発生した。このとき、富士山の「マグマだまり」で、ある重大な異変が起きた可能性があり、われわれ火山学者は全員肝を冷やした。まだ噴火が起きていないのは幸いと言うべきだが、もはや富士山はいつ噴火してもおかしくない「スタンバイ状態」に入ったと、私は考えている。

本書はブルーバックス『富士山噴火』以後に明らかとなってきた富士山の状況について、最新の火山学における研究成果をとりいれながら、全面的に書き直したものである。

第Ⅰ部「富士山噴火で起こること」では、富士山とは何か、そもそも噴火とはどのような現象なのか、という基礎知識が初学者の読者の頭にも入るように説明した。

第Ⅱ部「南海トラフと富士山噴火」では、噴火スタンバイ状態にある富士山の現況を解説し、近い将来に必ず起きる災害を予測した。東日本大震災の発生以降の日本列島は、今後少なくとも数十年は地震と噴火が止まない「大地変動の時代」に突入してしまった。近い将来に南海トラフで巨大地震が発生することは確実視され、国を挙げて警戒中である。こうした枠組みの中で、富士山と南海トラフが地球科学的に見ていかに密接な関係にあるかを詳述した。

富士山は江戸時代に噴火したあと、不気味な沈黙を守っている。言ってみれば300年分のマグマを地下に溜めたまま、いつでも噴火できる状態にあるのだ。

かりにいま、宝永噴火クラスの大噴火が起きると、東京にも火山灰が5センチメートルほど積もり、ライフラインのすべてが停止するだろう。さらに、航空機は飛行禁止となり羽田・成田空港が閉鎖される。いったん噴火が起きれば、富士山の周辺だけでなく首都圏まで大きな被害が及ぶのは必定である。

富士山が大噴火したときの被害について内閣府は、2兆5000億円規模の激甚災害となることを予測した。しかし、実はこの予測には含まれていない項目がある。それが、近年になって研究が進んだ「山体崩壊」という破局的な現象である。

これは山の形が変わるほど斜面が崩れ落ちるもので、富士山で最新の山体崩壊が起きたのはいまから2900年ほど前である。このときは静岡県東部にある現・御殿場（ごてんば）市を広く土砂が覆い尽くした。もし同じことが現在起きると、周辺地域で約40万人が被災する可能性がある。

そして何より、富士山の噴火はやがて起きる南海トラフ巨大地震と連動するおそれがある。歴史を振り返ってみると、江戸時代の宝永の大噴火は、それに先立って南海トラフでマグニチュード9クラスの巨大地震（宝永地震と呼ばれる）が発生してから、わずか49日後に起きている。次の南海トラフ巨大地震は２０３０年代に起きると予想され、そのときにはやはりこうした時間差で富士山噴火が連動するかもしれないことが、きわめて大きな懸念材料となっている。すなわち富士山噴火と巨大地震の連動にどう対処するかは、わが国にとって存亡をかけた喫緊の課題と言っても過言ではないのである。したがって本書でも、南海トラフが富士山にどのような影響を及ぼしているのかについて、多くの紙数を割いた。

ただし本書では、こうしたおそるべき自然災害の描像とは別に、日本人の「心のふるさと」としての富士山の魅力についても述べた。たしかに火山は噴火すると大きな災害をもたらすが、同時にわれわれに大きな恩恵も与えてくれるのだ。日本列島には１１１個もの「活火山」がある。それらがもたらす災いと恵みは、実は表裏一体の関係にある。その両方を知っておくことが、日常の防災にも繋がるのである。

本書をきっかけに、富士山をめぐる最先端の地球科学を学び、富士山を正しく恐れる知識を身につけながら、人を惹きつけてやまないその魅力についても再認識していただきたい。

では、まずプロローグで、富士山噴火が現実のものとなったらいったいどんなことが起こるのかを「未来小説」のかたちを借りてバーチャル体験してみよう。

富士山噴火と南海トラフ◆目次

第3章 噴石と火山弾 登山者を突然襲う重爆撃……77

第4章 火砕流と火砕サージ 山麓を焼き尽くす高速の熱雲……103

第5章 泥流 数十年間も続く氾濫と破壊……121

第II部 南海トラフと富士山噴火……139

プロローグ　２０XX年、富士山噴火

気象庁の大会議室で担当官が示したデータを目にした誰もが、言葉を失った。富士山に異変が起きているとの緊急電話を受けて、各省庁から参集した官僚たちだった。

数日前から、富士山の直下では人が感じない程度の弱い地震が連続的に発生していた。そして、その場所は少しずつ、地表近くへと移動していた。さらに富士山の斜面に設置された傾斜計や、上空から富士山を監視するＧＮＳＳ（全球測位衛星システム）などの観測結果はいずれも、富士山の山体がごくわずかではあるが膨らみはじめていることを示唆していた。

これらはすべて、富士山の地下でマグマが上昇しはじめたことを物語っていた。すなわち富士山はまもなく、確実に噴火するのである。

Xヵ月前に発生した南海トラフ巨大地震は、東海・近畿・四国・九州に壊滅的な打撃を与えていた。犠牲者数は内閣府が「最悪の想定」としていた約32万人に近づきつつある。２０１１年の東日本大震災を10倍も上回る激甚災害は、緊急閣議で「西日本大震災」と命名された。令和改元に東京オリンピック――新しい時代が華やかに幕を開けた頃が遠い昔日のように思われた。

「まさかこんなときに、本当に富士山が噴火するなんて……」

この場に集まった面々は、いずれも危機管理のエキスパートだ。南海トラフ巨大地震が起これば富士山が連動して噴火する可能性が高いことを、知識としては理解していた。それでも、巨大地震に富士山噴火が追い打ちをかけるなどという事態を、容易には受け入れられなかった。

同じ会議室では火山学者たちが、富士山噴火の被害を懸命にシミュレーションしていた。富士山が最後に噴火した1707年の宝永噴火は、マグマの噴出量が富士山の噴火史上二番目という大噴火だった。そしてこのときも、49日前に宝永地震と呼ばれる南海トラフ巨大地震が起きていた。もしもいま、江戸時代と同規模の大噴火が起これば、どれだけの被害になるのか――。

たとえば富士山の麓では、「噴石」の直撃によって約1万3600人、「泥流」と呼ばれる土砂の流れで最大7200人が死傷するという。すでに富士山を取り巻く山梨・静岡両県内の市町村の全戸にはハザードマップ（火山災害予測図）が配布されているが、パニックを起こさずにすべての住民を安全に避難させることは至難の業だろう。

しかし、富士山噴火の「本当の恐怖」は、富士山から100キロメートル離れた首都・東京にこそ現れる。大量に降り注ぐ火山灰が、都市機能を停止させるからだ。宝永噴火との決定的な違いがそこにある。ハイテク化された現代社会は、火山灰に対してあまりにも脆弱で無防備なのだ。

まず、交通機関がマヒする。とくに痛手なのは航空機だ。エンジンが火山灰を吸いこむと墜落する危険があるため、南関東の全空域は飛行禁止となる。また、送電線に火山灰が数ミリメートル積もるだけで停電が起き、火力発電所もフィルターの目詰まりを起こして発電力が大きく低下する可能性も否定できない。

さらに恐ろしいのは、さまざまなシステムを制御するコンピュータの細かい隙間に火山灰が入り込み、首都圏の機能がほぼ停止してしまうことだ。もしもいま、西日本大震災の被災者を医療や物資などで支えている首都圏が機能不全に陥れば、国家存亡の危機を迎えることになる。

唯一の救いは、噴火は地震と異なり前兆が捉えられるので、少なくとも数週間程度の猶予が見込めることだ。残された時間でどれだけの対策を講じられるかに、日本の命運がかかっていた。

やるしかない――なすべきことの重大さを理解した彼らは、使命感を腹にしまい、黙々とそれぞれの持ち場へ散っていった。

霞ヶ関、永田町、丸の内、さらに兜町といった日本の政治経済の中枢の面々が、東奔西走を開始した。噴火災害を事前に迎え撃つ――世界でも類のないプロジェクトの始動だった。

「ゴッ、ゴオッ！」

その瞬間、「日本中すべての」と言っても過言ではない数の人々が、テレビ画面に釘づけになっていた。映し出されていたのは、あの「霊峰」富士が、地鳴りのような轟音とともに火山灰を噴き上げる姿だった。灰色がかった噴煙の柱が、山の中腹から天の頂をめざして立ち昇っていく。

やがて東京にも西の空から、台風の雲などとはまったく様相が異なる、黒い火山灰をたっぷりと含んだ不気味な雲が偏西風に乗って接近してきた。

いま、この大スペクタクルを目撃している人の多くは、心のどこかで不安とともに、ある種の高揚をおぼえていた。しかし、スマホで夢中になって写真を撮っている彼らは、まだ気づいていない。富士山噴火の「本当の恐怖」が、数時間後の自分の身にも迫りつつあることに。

やがて都心にも、ゆっくりと火山灰が降りはじめた。まだ日が高いのに暗くなった街に灯りがともる。だがそれも束の間、街灯も、信号機のランプも次々に消えた。銀行ではＡＴＭが止まり、地下鉄は異常信号を発して運行を停止した。道路ではおびただしい数の車が、積もった火山灰を巻き上げて足をとられ、大火災が発生したような状態になっていた。

ほどなくして羽田・成田の両空港は閉鎖された。それどころか自衛隊の厚木基地も、災害救援のヘリコプターが出動できなくなってしまった。そこへ緊急速報が入る。富士山から南に流れ出た溶岩流が東名高速道路と東海道新幹線に向かっているという。もし溶岩の流れが止まらなければ、やがて空路ばかりか陸路も「日本の大動脈」が断ち切られ、東西日本は事実上分断される。

だがここまでは、1カ月前に始動していたプロジェクトでも想定内だった。はたして巻き返しの策は功を奏するのか、それとも想定外の第二波があるのか——正念場はこれからだ。

第 I 部 富士山噴火で起こること

第1章 火山灰

都市を麻痺させるガラスのかけら

1980年5月18日の米国セントヘレンズ火山噴火で立ち昇った噴煙柱
(US Geological Survey提供)

富士山は何万年ものあいだ、火山灰を噴き上げたり、溶岩を噴出したり、火砕流を発生させたり、泥流を流したりと、さまざまなタイプの噴火を起こしている。富士山が「噴火のデパート」と呼ばれる所以だが、こうした噴火を続けた結果、現在のようにきれいな円錐形の成層火山となった。成層火山とは、山頂付近に急斜面を、山麓に広い裾野をもつ火山体である。溶岩や火山灰が次々に層を成して積もった結果、このような美しい形ができたのである。

日本の多くの地域で、類似の成層火山が「○○富士」と呼ばれている。北海道の羊蹄山（蝦夷富士）、青森県の岩木山（津軽富士）、鹿児島県の開聞岳（薩摩富士）などで、いずれも富士山同様、火山噴出物によって広い裾野が形成された。

日本一高い成層火山となった富士山は、過去に大きな噴火を数十回も繰り返している。その際には、火山灰や溶岩などさまざまな物質を火口から噴き出してきた。噴火による被害とは、とりもなおさず、これらの噴出物が人間にもたらすさまざまな被害である。そこで第Ⅰ部では、火山がどのようなものを噴出するのか、それはどのような被害をもたらすのかを、各章ごとに説明していきたい。

まずは「火山灰」を皮切りに、そのあと「溶岩流」「噴石」「火砕流」などをみていこう。

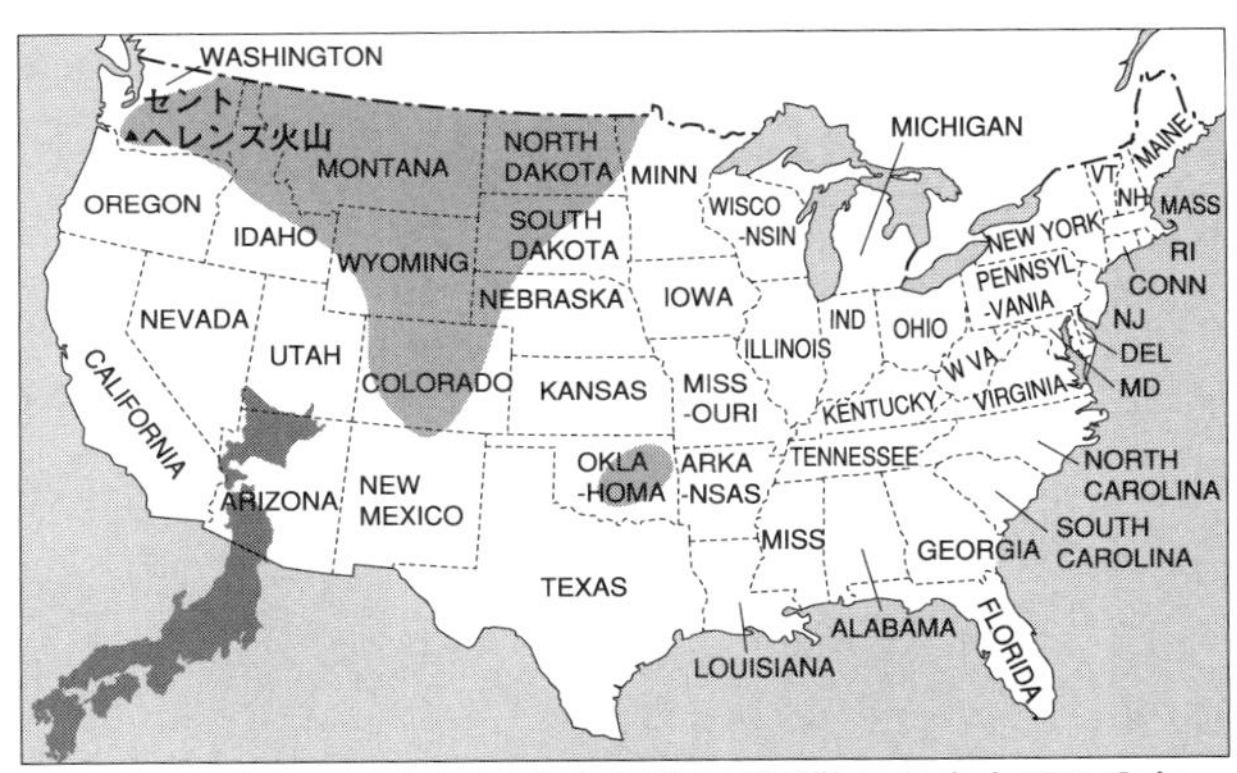

図１－１　セントヘレンズ火山の噴火で飛散した火山灰の分布
全米に広く火山灰が飛んだ（US Geological Survey 提供）

セントヘレンズの火山灰

そもそも火山の噴火は、地震に比べるとかなり頻度が低く、人が一生に一回出会うかどうかという珍しいものである。だから20世紀の後半にアメリカやフィリピンで大規模な噴火が起こったときは、世界中の注目を集めた。富士山が噴火したときの火山灰の被害を考えるためには、まず、それら最近の大噴火の例からみていくのがよいだろう。

アメリカ合衆国の西部ワシントン州に、セントヘレンズ火山という活火山がある。１９８０年に１２３年ぶりの噴火を起こし、火山灰を大量に降らせた（本章扉の写真）。このときに噴出した火山灰は、風に乗ってはるか遠くまで運ばれた（図１－１）。上空では偏西風という強い風が西から東へ吹いているからである。その当時の様子を、ちょうど現地にいた原田憲一氏（元・京都造形芸術大学）は以下のように記している。

三時ごろ「火山灰が飛んできたぞ」という声に誘われて大学の時計台に上がり、地質学教室の仲間と一緒に西を見やると、地平線上に広がったまっ黒な雲が不気味に近づいてきた。そして黒雲の先端が頭上に届くやいなや輝く青空はかき消され、あたりは漆黒の闇と化した。と同時に火山灰がまるで大粒の雨のようにぼたぼたと降ってきた。

（中略）青空の下には一面の銀世界。だが3インチを越す細粒火山灰は、やはり雪とは違った。焼けつく日差しにも溶けず、水で洗い落とすと下水道が詰まった。掃き寄せても乾けば風で舞い上がり、自動車やエアコンのフィルターを目詰まりさせ、建物に侵入してコンピューターや精密機器を故障させた。人々は珪肺のうわさにおびえて家にとじこもり、大学や保育所は閉鎖された。水道は地下水だったので助かったが、もしも河川水の濾過方式ならば真っ先に飲み水が途絶えて、乳幼児や病人を抱えた家族はパニックに襲われたはずである。

（原田憲一「現代のことば　火山はすごい」京都新聞2003年1月20日付夕刊）

突然の火山灰の飛来は、風下に住む人々の生活を一変させてしまったのである。珪肺とは、珪酸を含む非常に細かい石の粉が肺の中に張りつくことで、呼吸困難や肺気腫を起こすとされている。鉱山労働者のほか、ガラス工や陶磁器工にも見られる。

セントヘレンズ火山の噴火により、住民は何日ものあいだ、外出する際にはマスクを着用しなければならなくなった。また、エアコンや車のフィルターは詰まり、車の場合はさらにエンジンが止まってしまったため、路上ではたくさんの車が立ち往生した。

天気がよく風が少しでも吹いている日は、火山灰が一日中、舞うことになる。晴れの日が続けば何日も火山灰の飛散はおさまらない。

セントヘレンズ火山の噴火では、噴火の2ヵ月以上も前から活動情報が伝えられたため、多くの人は避難して無事だったが、それでも死者57人、行方不明30人余りという大きな被害が出た。そして、このような数字に表れない長期的な被害をも都市にもたらすのが、火山灰なのだ。セントヘレンズ火山の噴火は、アメリカ合衆国建国以来、最大の噴火被害となった。

江戸時代の富士山噴火

さて、われわれの富士山も江戸時代に、同じような火山灰の被害を出している。いまから300年ほど前の1707年に、その前から数えて約200年ぶりの大爆発を起こしたのだ。宝永(ほうえい)噴火と呼ばれるものである。この噴火では、火山灰と軽石が大量に噴出し、東へ飛んでいった。大量に出た細かい火山灰は、偏西風に乗って横浜や江戸方面へ降り積もった。

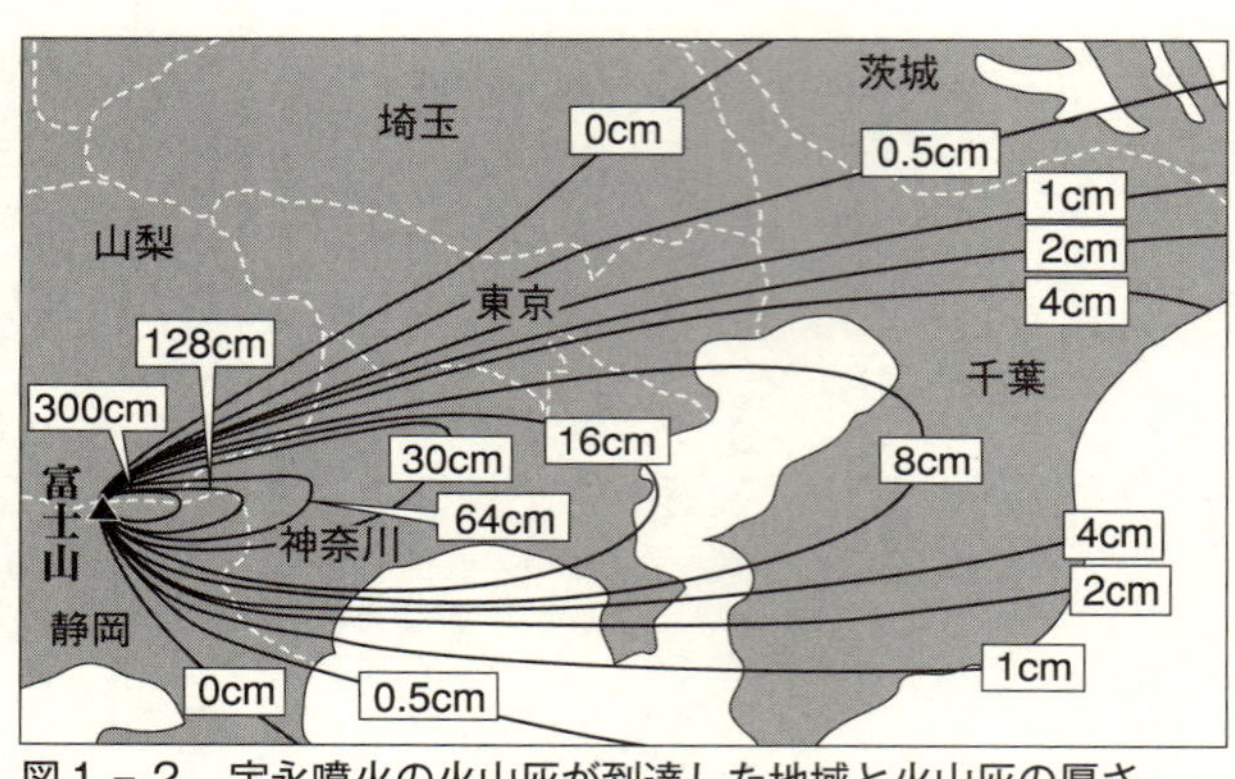

図1－2　宝永噴火の火山灰が到達した地域と火山灰の厚さ

当時の武家に残された多数の古文書の調査によると、火山灰は横浜で10センチメートル、江戸では5センチメートルの厚さになったと推定されている（図1－2）。火山灰は10日以上も降りつづき、昼間でもうす暗くなった。当時、江戸にいた儒学者で政治家の新井白石は、こう書き記している。

家を出るとき、雪が降っているように見えるので、よく見ると、白い灰が降っているのである。西南のほうを見ると、黒雲がわき起こり、雷の光がしきりにした。西ノ丸にたどりつくと、白い灰が地をおおい、草木もまたみな白くなった。（中略）やがて御前に参上すると、空がはなはだしく暗いので、あかりをつけて進講をした。

（「折りたく柴の記」桑原武夫現代語訳、日本の名著15『新井白石』中央公論社）

図1－3　火山灰粒子の拡大写真
9万年前に九州の阿蘇カルデラから噴出し、北海道網走市に数センチメートルも降り積もった（檀原徹氏撮影）

いったん空中に浮かんだ火山灰は、なかなか落ちてこない。新井白石は、火山灰は3週間も舞いあがった、と書き残している。地面に落ちても、ふたたび風に乗って舞いあがってしまうからだ。

火山灰とはガラスのかけらである

火山灰は、タバコや炭が燃えて残る灰とはまったく異なる。火山灰の実体は、軽石や岩石が細かく砕(くだ)かれたものである（図1－3）。

軽石とは、液体のマグマが引きちぎられて冷えて固まったものだ。熱いマグマが泡だつときに軽石ができる。マグマに溶けていた水が水蒸気となるからだ。

この泡が、軽石の中では小さな穴となって残

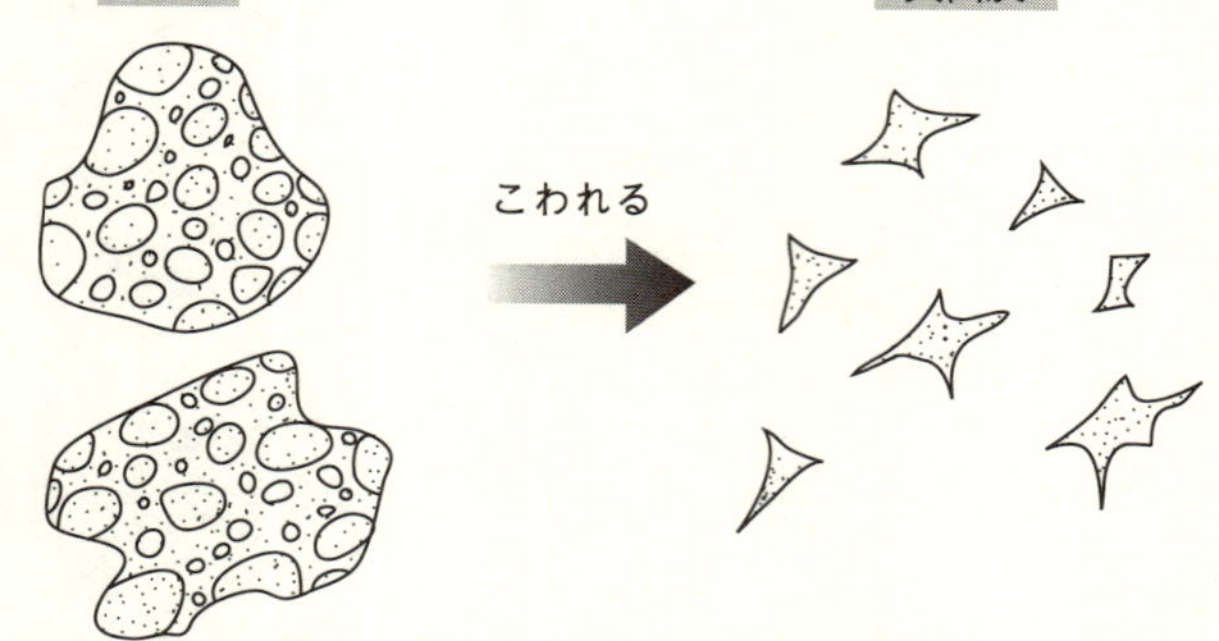

図1－4　軽石が細かくなって火山灰が生産される
大規模な噴火では軽石に含まれる泡の壁ができて、バブル・ウォール型火山ガラスと呼ばれる火山灰ができる

っている。これを気泡（きほう）という。気泡をもつ軽石がさらに細かく砕かれたものが火山灰なのである（図1－4）。火山灰が「灰」と呼ばれるのは、細かくてフワフワしていて、風に舞うほどだからなのだ。

基本的には、火山灰はマグマから軽石を経由して大量に生産される。このようにしてできる火山灰の正体は、ガラスの破片である。

「ガラス」というと普通は、窓ガラスやガラスのコップを思い浮かべるだろう。実はガラスとは、物質がきちんとした結晶構造をもたない状態のことをいう。ガラスは結晶に比べるとずっと脆（もろ）く、細かく割れると鋭い破片になるのである。

マグマが急に冷やされて固まると、ガラスの状態になる。もしマグマが非常にゆっくりと冷えると、ガラスではなく結晶ばかりの塊になる。マグマが急冷したときだけ、ガラスになるのだ。

つまり、噴火の際に火山灰が噴出するということは、①マグマが引きちぎられて空中へ放り出されたあと、②急速に冷えてガラスの破片になること、を意味する。そのため火山灰には、鋭い破面をもったガラスが含まれるのである。これらが肺の中に吸入されると、先に述べた珪肺という症状を起こすのである。

さて、これで火山灰が「燃えかす」ではないことが理解していただけただろう。

岩石の細かいかけらである火山灰は、水に溶けることもなく、いつまでも消えることがない。乾燥すれば何週間も舞いあがり、雨が降るとまるでセメントのように固まってしまう。城の壁に使われている漆喰（しっくい）のように硬化するのである。

火山噴出物の分類

そもそも火山の噴出物は、大きさによって分類されている。火山学における定義では、噴火の際に火山から放出される物質の中で、直径が2ミリメートル以下のものを火山灰という。最大でざらざらした砂粒のようなものから、最小では小麦粉よりも細かい粒子までがある。いちばん小さな「火山灰」から始まって、「火山礫（れき）」、「火山岩塊（がんかい）」という三つがある。

火山灰より大きくて握りこぶし大くらい（直径64ミリメートル）までを火山礫、それより大きなものを火山岩塊という。火山岩塊には数メートルの巨大な岩石までが含まれる。

また、火山からもくもくと立ち昇る噴煙には、白いものと黒っぽいものがある。白いものは水蒸気が凝結(ぎょうけつ)した非常に細かい水滴であるが、黒っぽい噴煙には火山灰が混じっている。これは誰にでも簡単にわかるので、鹿児島県の桜島などに出かけたときはぜひ見ていただきたい。

空高く巻き上げられた火山灰は、風に運ばれて非常に遠くまで飛んでいく。この途中で、火山灰のサイズと密度に応じてふるい分けられながら、地上に達する。グラニュー糖のような粗(あら)い火山灰は近くに落ち、小麦粉のような細かい火山灰は遠くまで運ばれるのである。

防災に欠かせないハザードマップ

火山灰などの噴火災害から身を守るためには、どこが危険なのかを示した地図が必要である。それがプロローグの「未来小説」でも登場したハザードマップ(火山災害予測図または火山災害危険区域予測図、英語ではvolcanic hazard map)である。噴火が発生したらどの地域にいかなる危険が及ぶのかを示したもので、火山防災で最も重要な役割を占めるといってもよい。

ハザードマップにはさまざまな目的がある。住民に対して噴火現象そのものについて理解してもらうこと、住民や観光客が安全に避難できるルートを示すこと、避難のための施設を整備すること、火山活動のないときにどのような土地利用をすればよいかを示すこと、などである。

一般に、火山は繰り返し噴火を起こすので、類似した現象が見られることが多い。噴火のもたらす災害にも共通点があるため、現在までの噴火履歴をくわしく知り、将来に備えることが重要である。そこで、過去数百～数千年間の噴火の様子から、噴火地点、噴火の推移、様式や規模の変化などを推測し、地図にしたものがハザードマップなのである。

ハザードマップは１９７０年代から、活火山をもつ世界各国で作成が始まった。日本でも活火山の山麓にある防災意識の高い自治体で作られはじめた。その後、１９９２年に当時の国土庁が「火山噴火災害危険区域予測図作成指針」を公表し、全国的にハザードマップが作成されるようになった。しかし、海底火山と北方領土を除いても、日本にある１１１個の活火山のうち、まだ４割程度の40の火山でしか完成していないのが現状である。

２０００年３月に噴火した北海道・有珠山では、噴火の前にハザードマップが配られていたため、住民は速やかに避難することができ、一人の犠牲者もなしに噴火は終息した。有珠山ではハザードマップが、避難計画・避難施設の整備・土地の利用計画などに積極的に用いられている。

これに対し、富士山には２０００年に入ってもハザードマップがなかったが、同年10月に噴火の予兆である可能性がある低周波地震が発生して、急遽作られることになり、４年後の２００４年春に、ようやく富士山全域のハザードマップ（全体のハザードマップ）が公表された（図１－５）。後ればせながら、火山防災の基礎地図ができあがったのである。

富士山のハザードマップは３種類が作成されている。すなわち、一般市民を対象とした「一般

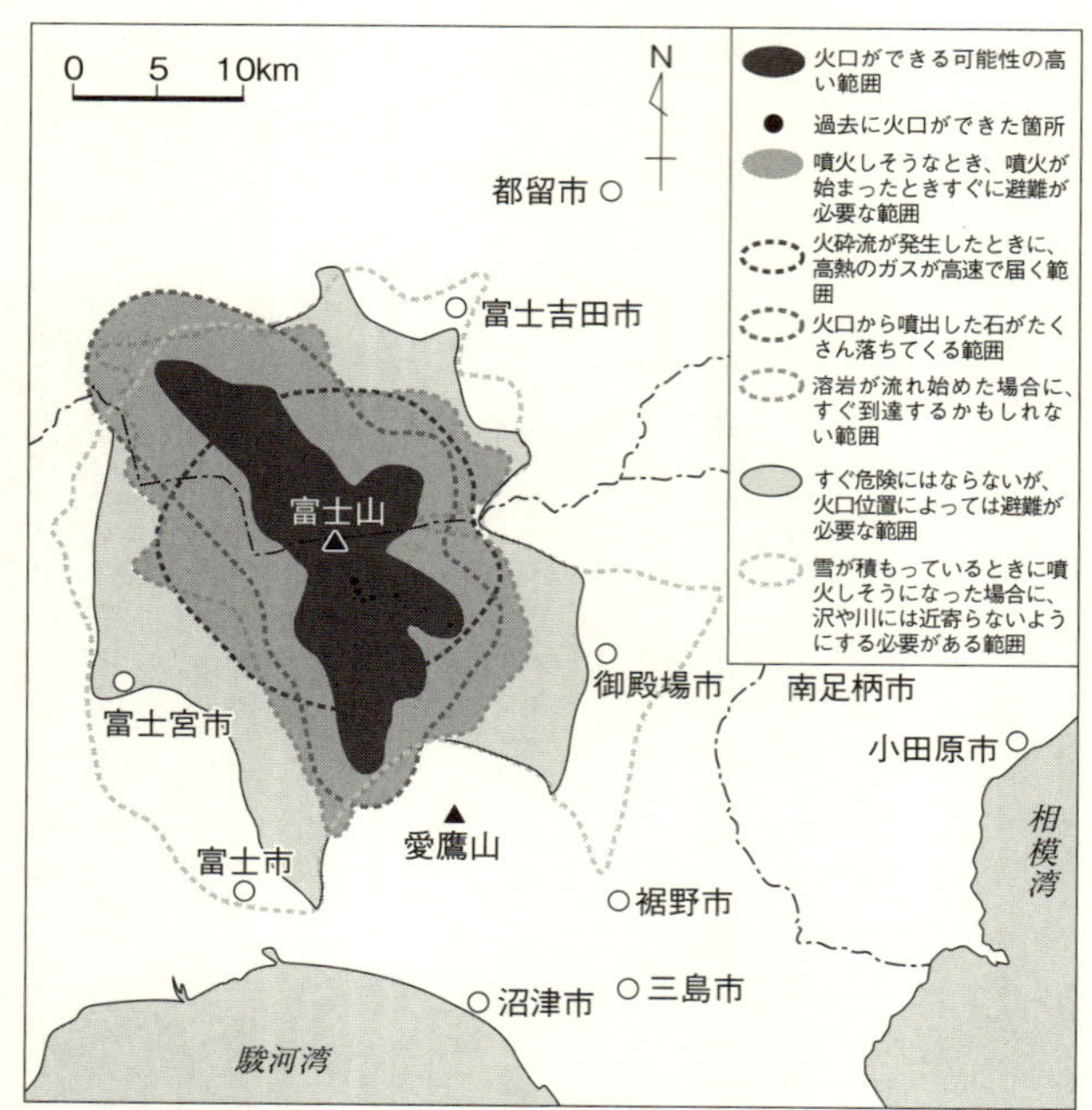

図1－5　富士山全体のハザードマップ
火砕流、噴石、溶岩、泥流などの到達範囲が示されている

配付用マップ」、自治体などの防災担当者を対象とした「防災業務用マップ」、登山者などの観光客を対象とした「観光客用マップ」の三つである。

「一般配付用マップ」は、住民が「いつどのように行動をとるべきか」を指示した地図である。具体的な地名の入った避難場所と、各地点で被(こうむ)るおそれのある噴火災害の説明が書き込まれている。また、地図とともに、住民にとって必要な火山防災上の基本的な知識も網羅されている。

富士山の火山災害は、非常に広い地域で起こる可能性があるため、住民のとるべき行動は地域ごとに異なってくると考えられる。そこで「一般配付用マップ」は、富士山山麓の代表的な五つの地域に分割して作成されている。(1)富士吉田市と富士河口湖町と山中湖村、(2)御殿場(ごてんば)市、(3)富士市、(4)小田原市、(5)足柄(あしがら)上地区だが、これらは富士山の全域をカバーするものではない。

「防災業務用マップ」とは、県や市町村などの自治体に所属する防災担当者が、噴火が起きたときの行動を示す図である。すなわち緊急時にどのような業務を展開すべきかに重点を置いて描かれている。防災業務は部局ごとに異なるため、この図は各自治体が「地域防災計画」を作成する際の、火山対策用の資料として用いられることになっている。

「観光客用マップ」は、富士山を訪れるすべての旅行者のための防災マニュアルである。登山客や観光客に向けて、富士山の過去の火山活動の説明や、火口の位置、避難の心得などをわかりやすく解説している。これは、観光用のパンフレットと一緒に配られる。

宝永噴火の火山灰が見つかった

火山灰が大量に積もると、地層として残る。降り積もった火山灰は過去の噴火の証拠となる。富士山では宝永噴火や平安時代の貞観（じょうがん）噴火の証拠にもとづき、今後の予測がなされている。

では実際に、富士山のハザードマップではどのように描かれているかを見てみよう。火山灰の積もり方については、まず季節ごとの降灰分布を示す地図が作成される。基本的に日本の上空には偏西風が吹いているので、火山灰は東の方角へ飛んでいく。しかし、季節によって風の向きは多少異なる。たとえば、冬のあいだは強い西風が吹いているので、火山灰は東へ集中的に飛ばされるが、夏のあいだは風向きが変化しやすいので、火山灰は全方向に散る傾向がある。このため富士山の西の方にも、若干の火山灰が降ることが予想されている。こうした降灰の変化をすべての月ごとに示した地図を降灰の「ドリルマップ」という。

次に、月別に描かれた降灰の「ドリルマップ」をすべて重ね合わせた地図を作成する。これを降灰の「可能性マップ」という（図1-6）。1枚で12ヵ月分を一度に見渡せるように重ねた図というわけだ。火山灰の積もる厚さから被害が読み取れる便利な図ともいえよう。

近年、宝永噴火の際に江戸に降り積もった火山灰が見つかった。江戸時代に、現在の東京都千代田区で採取された火山灰が、奈良県大和郡山（やまとこおりやま）市の豊田家の所蔵品から発見されたのだ。

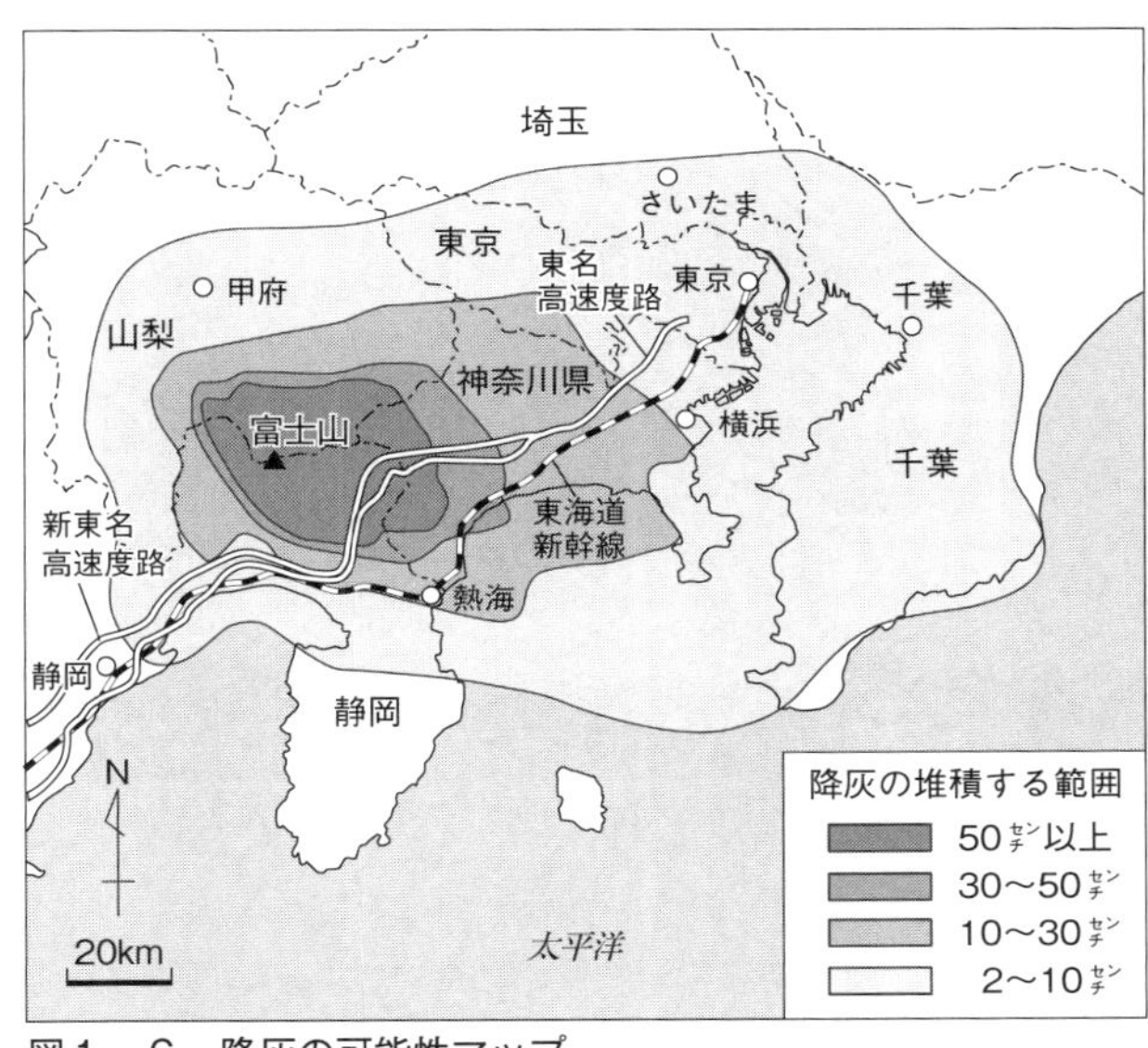

図1－6　降灰の可能性マップ
月別に描かれた降灰のドリルマップをすべて重ね合わせたもの

灰色の粉末が約10グラム入った紙包みが二つあり、中の粉末を分析すると、宝永噴火で飛んできた火山灰であることがわかった（図1－7）。

300年も前の試料が残されていたのは、日本の火山研究史上でもたいへん珍しいことである。ここでは興味深い点が二つある。まず、火山灰の堆積（たいせき）した場所がきちんとわかっていることだ。江戸時代の古地図で調べてみると、屋敷の中のどこで採取したか、その正確な場所まで判明したのである。具体的には、宝永火口から94キロメートル東北東にあたることがわかった。

もう一つは、採取した時刻がわかっていることだ。1707年12月16日の

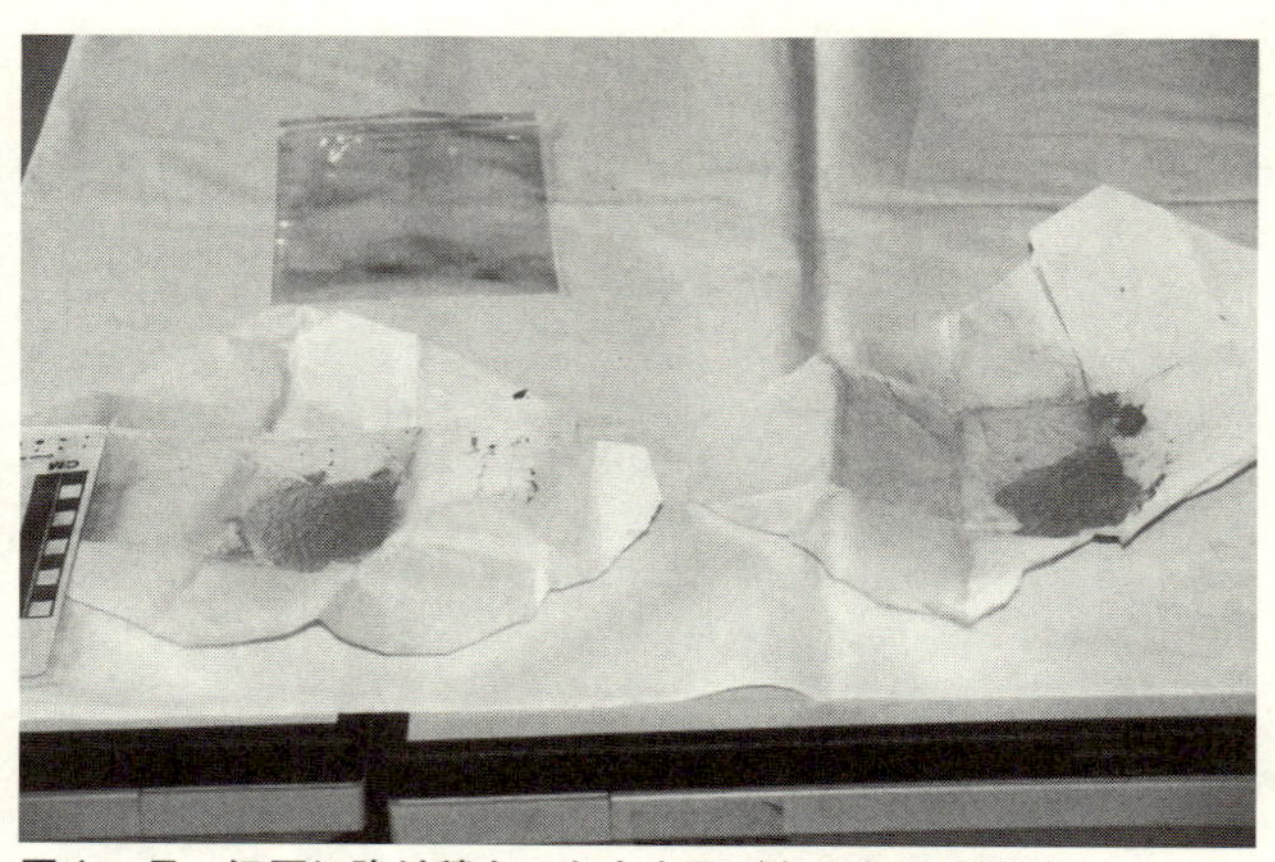

図1－7　江戸に降り積もった火山灰（宇井忠英氏撮影）

昼過ぎに取られたことが包み紙に書かれているのだが、これは宝永噴火の初日にあたる。つまり、噴火初期の貴重な火山灰というわけである。

化学分析してみると、たしかに富士山の東麓にある太郎坊に堆積する、宝永噴火の最初に積もった軽石と化学組成が一致した。このときには富士山からの鳴動が聞こえたことも記述されていた。

いかに火山学が進んでも、近年ならいざしらず、300年も昔の噴火に関するこのように精度の高い情報はなかなか得られるものではない。几帳面（きちょうめん）な武士が紙に包んできちんと保存してくれたおかげである。

火山の噴出物は、厚さにして20センチメートルほどになり、かつ表層がカバーされたものなら、地層として半永久的に残る。たとえば太郎坊のような火山の麓（ふもと）では、もともと噴出物が厚く、さらにその上を次々と噴出物が覆っているために残りやすい。しかし江戸に降った火山灰は、厚さが5センチメートル程度のものだったので風に吹かれ、地層としては残ることができなかった。人為的に採取されたものだけを、われわれは調査できるのである。

火山灰の被害——人体

火山灰が人体にはどのような影響を与えるのかは気になるところだろう。

ガラスからなる火山灰は、そのものに化学的毒性はないものの、人体には有害である。火山灰は顕微鏡で観察すると、角が刃物のように鋭くとがったものがある。これによって気管や肺が傷つけられ、さまざまな病気を引き起こすのだ。

地面に火山灰が5ミリメートルも積もると、喘息や気管支炎をわずらっている人は咳きこみだす。2センチメートル積もると、ほとんどの人に症状が出る。1977年の有珠山噴火の直後には、火山灰が降った地域の半数近くの住民がのどや目の痛み、鼻づまりの症状を起こしたという。同様に、1986年に起きた伊豆大島の噴火後にも、のどの痛みを訴えたり咳きこむ子どもが増え、1991~1994年の雲仙普賢岳でも火山灰が降ったあとに喘息発作の患者が増えたと報告されている。これに加えて、気管支がせばまり呼吸がしにくくなる症状も多く発生した。

これを裏づけるように、江戸時代の富士山宝永噴火のあと、喘息や風邪が増えたという記録がある。先の新井白石はこう書いている。

> 二十五日にまた空が暗くなって、雷の鳴るような音がし、夜になると、灰がまたひどく降った。「この日、富士山が噴火して、焼けたためだ」ということが伝わった。その後、黒い灰の降ることがやまず、十二月のはじめ、九日の夜になって雪が降った。このころ、世間の人で咳(せき)になやまされない人はなかった。（前掲「折りたく柴の記」）

細かい粒子が肺に入ってから炎症を起こす例としては、先に述べた珪肺のほかに、塵肺(じんぱい)の被害が古くから知られている。石炭鉱山の坑夫やトンネル工事の作業員が罹患(りかん)することが多いが、火山灰を長期間、肺に吸い込むと、石炭の細かい粉を吸い込んだときと同じように肺の機能が低下する恐れがある。このため、火山灰が舞っている野外に出るときには、防塵マスクを着用する必要がある（図1－8）。

しかし、細かい粒子はマスクを通過してしまう場合も多い。したがって、火山灰が舞っているときは戸外に長くとどまらず、できるだけ室内へ入るよう勧める医師もいる。マスクがないときの応急措置としては、水で濡(ぬ)らしたタオルやハンカチを口に当てて、火山灰の吸引を防ぐ方法がある。

図1－8　セントヘレンズ火山の噴火後、火山灰が舞う中でマスクをした人（『Volcanic Eruptions of 1980 at Mount St. Helens: The First 100 Days』より）

また、火山灰が肌に付くと、べたべたして取れにくい。手や顔はザラザラになるし、髪や背中にも細かい火山灰が入り込んでくる。服に付着しても、なかなか取れず厄介だ。

私は野外に出て火山灰をたくさん含む地層を調査するときに、同じことを経験する。1時間くらい仕事をしていると、背中も頭もザラザラしてきて風呂に入りたくてたまらなくなるのだ。富士山が噴火すると、関東中でこのような状況になるのである。

ガラス質の細かい破片からできている火山灰が目に入ると、痛くて目を開けていられなくなる。痛いだけでなく、角膜の表面を傷つける。したがって火山灰が舞っているときに外出する際は、スキーのゴーグルのような防塵眼鏡をつけたほうがよい。のどを守ることも大切だから、さらにマスクも必需品となる。

靴は歩きやすい運動靴を履き、手には軍手をはめてほしい。2004年9月1日の浅間山の噴火では、火山灰が北麓で2～3ミリメートル積もった。たったこれだけの火山灰でも、小学生や中学生はしばらくマスクをつけて登校しなければならなかった。

戸外から帰ったら、衣服に付いた火山灰をよく払い落としてから家の中に入り、火山灰を体内に入れないため、うがいをしたり目を洗ったりすることも大切である。

火山灰は家の隙間からも簡単に中に入ってくる。戸外で火山灰が舞ってきたら、窓や戸を閉め切るだけでなく、台所やエアコンの換気口などもテープなどで目張りをすることが重要である。

有害なガスが付着した火山灰

火山灰にはふつう火山ガスが付着している。火山ガスとは、もともとマグマの中に溶けていた揮発性の成分である。火山ガスの成分は90パーセント以上が水であるが、そのほかに二酸化炭素、人体に有害な二酸化硫黄、硫化水素、フッ素、塩素、塩化水素などが含まれている。

これらが付着した火山灰が人体に入ると、悪影響を及ぼす。たとえば1988～90年に噴火した南米チリのロンキマイ火山は、フッ素、二酸化硫黄、塩素を含む火山灰を大量に噴出した。すると、火山灰が降り積もった地域の住民に神経障害が発生し、火山灰が付着した草を食べた家畜が大量に死んだ。また、2000年に三宅島が噴火したとき、島民が4年以上も帰島できなかったのも、二酸化硫黄ガス（亜硫酸ガス）が出たためである。

火山研究者の集まりである国際火山学会には、噴火が人体へ及ぼした多くの症例が報告され、医学的観点からも火山の噴出物の被害が検討されている。被害が長期間にわたると、医療費を押し上げるおそれがある。

国際火山学会は、かつては理学系と工学系の研究者のみが参加していた。しかし最近では、医学研究者、行政の防災担当者、都市計画の専門家なども参加している。火山防災を多面的に把握するようになってきたからであり、今後、これらの研究の発展はたいへん重要である。

火山灰の被害――家屋

火山灰が屋根に厚く積もると、その重さで屋根が押し潰される。また、道路に降った火山灰は下水道に入って排水管を詰まらせる。田畑に植えた作物の上に積もると、葉を枯らしてしまう。このように、火山灰は日常生活に直結する家屋・下水・畑・牧場などに大きな被害をもたらす。まず家屋から、その影響をみていこう。

雪も火山灰も、屋根に降り積もることには変わりない。しかし火山灰は雪と違って、暖められても溶けて消えることがない。これが火山灰の被害をさらに大きくする原因となっている。降灰が止んだら、ただちに屋根に積もった火山灰を下ろさなければならない。

加えて、雪と異なり、地面に落とした火山灰はモウモウと舞いあがる。水で洗い流そうとしても、なかなか流れていかない。火山灰は水と一緒になると互いにくっついてしまうからだ。だから火山灰を排水溝に洗い流すと、すぐに詰まってしまう。濡れても乾いても始末に負えないのが火山灰なのである。

したがって火山灰は、シャベルですくって袋に詰めて、ほかの場所へ持っていくしか処理する方法がない。よって噴火の規模が大きいと、灰の処分が大問題となる。1955年以来、桜島では毎日のように火山灰が降っている。大量の火山灰が降ったとき、人々はそのつど土嚢(どのう)に入れて対処してきた。火山灰の処理は力仕事なのである。

また、雨が降るとさらに危険な状況が生まれる。濡れた火山灰は屋根にこびりつく。すると水を含んで重くなり、そのすべての重量が屋根にかかるのである。火山灰が屋根の上に1センチメートル降り積もったとすると、1平方メートルあたりの重さは10キログラムほどになる。さらに雨で濡れた火山灰では、1平方メートルあたりの重さが20キログラム程度になるという計算がある。このため、雨が降ったあとにしばしば家屋が潰れている。これらは実験でも確かめられている。

フィリピン・ピナトゥボ火山の1991年6月15日の噴火では、このパターンの災害が起きた。噴火の当日に台風が襲ってきたため、大量の雨が降ったからだ。風下では、火口から40キロ

図1－9　ピナトゥボ火山の火山灰によって押し潰された建物
（『Fire and Mud』より）

メートルを超える地域にまで、厚さ10センチメートル以上の火山灰が降り積もった。つまり、それだけで1平方メートルあたり100キログラムもの重さが屋根に加わったことになる。

さらに、降り積もった火山灰は水を含んで重量を増した。このために、おびただしい数の家屋が被害を受けた。火山灰の重みだけなら耐えられた屋根も、雨が降って水の重さが加わることで潰れたのである（図1－9）。とくに避難所となった建物が倒壊したことで、多数の犠牲者が出た。これらの災害による死者は総計700人以上にのぼった。

このように、屋根に積もった火山灰は非常に危険である。また、倒壊せず一見無傷に見える場合でも、建物がゆがんでいれば同様に危険なため、厄介である。

しかも、噴火のあとは強い上昇気流が発生するため、火山の上に立ち昇った雲から大量に雨が降ることが多

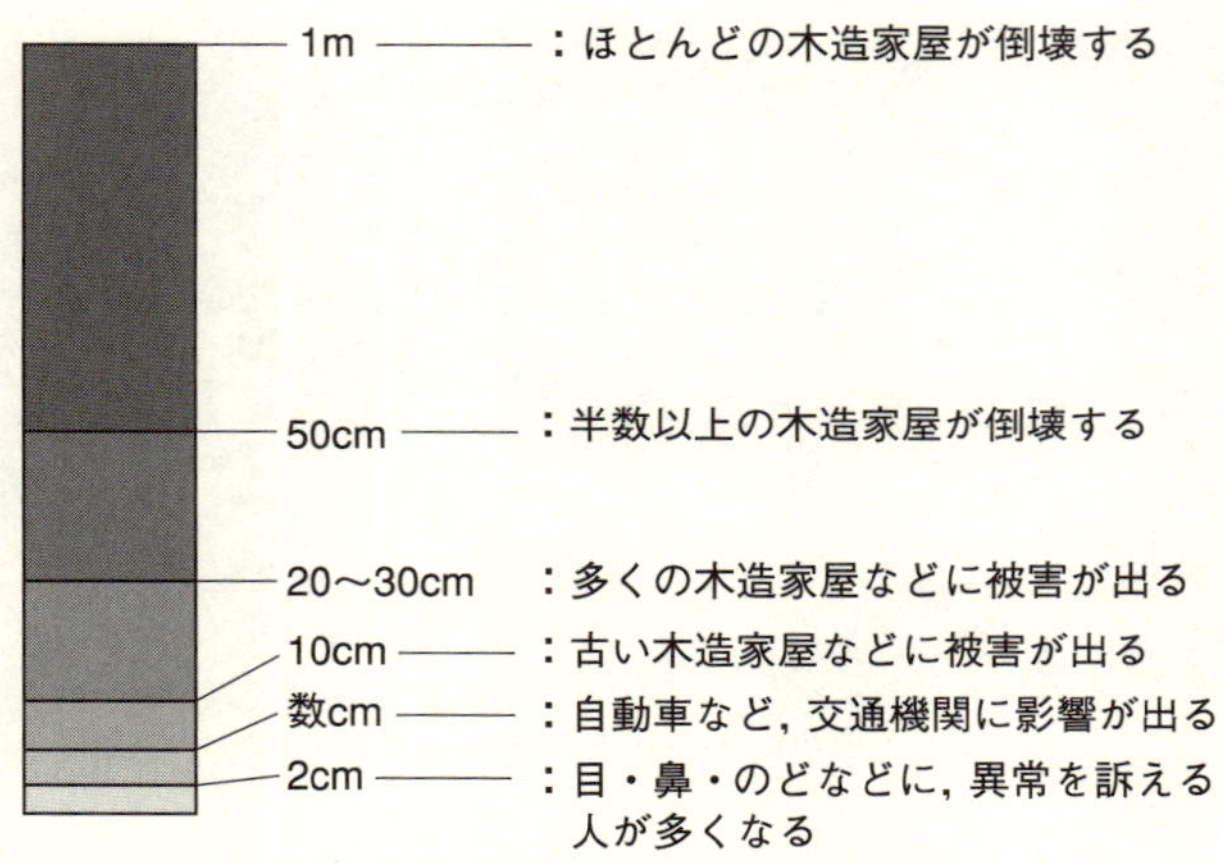

図1－10　地面に積もった火山灰の厚さによる被害

い。ピナトゥボ火山の場合のように噴火の当日に台風がこなくても、大雨になるのだ。火山灰と降雨の複合災害が起きる確率はきわめて高い。

富士山では宝永噴火と同じ量の火山灰が降った場合の被害予測がなされているが、これによると、50センチメートル積もると木造家屋の半数は倒壊するという（図1－10）。

火山灰の被害——農作物

植物の葉の上に降り積もった火山灰も、非常に厄介である。葉の表面にこびりついてなかなか落ちないため、光合成が妨げられて生長が止まってしまう。野山の草木は枯れ、農作物は壊滅状態にもなる。

火山灰が2センチメートル降り積もると、畑に植えた農作物のほとんどは枯れてしまう。稲の場合は、0・5ミリメートルで1年間の収穫が不可能になるといわれている。

畜産でも火山灰の被害は大きい。2センチメートル以上の降灰によって牧草が枯れてしまうため、配合飼料への転換が必要となる。

森林では、火山灰が1センチメートル降り積もると、半分程度の樹木に被害が出はじめる。10センチメートル以上ではかなり壊滅的な被害が生じる（図1－11）。その結果、地域の生態系を崩してしまうことも考えられる。

2004年9月1日の浅間山噴火で積もった2～3ミリメートルの火山灰でも、農作物には大きな被害が出た。高原キャベツの産地では被害金額は1億円を超えた。地元の経済に対する火山灰の打撃は、思ったよりも大きいのだ。

さらに、少しでも灰がついていると「商品」としての価値がなくなるという問題が追加される。そのため、消費者の受ける痛手も少なくない。火山灰が関東一円に降り積もったときには、野菜などの生鮮食料品の値段が高騰するに違いないからだ。

異常気象をもたらす火山灰と火山ガス

大噴火が起こると、火山灰は噴煙となって高度3万メートルほどの上空まで上がる。地上に出たマグマによって熱せられた空気が軽くなって持ち上がるからだ。柱のように立ち昇ったものを

図1－11　ピナトゥボ火山の火山灰によって倒された樹木
（『Fire and Mud』より）

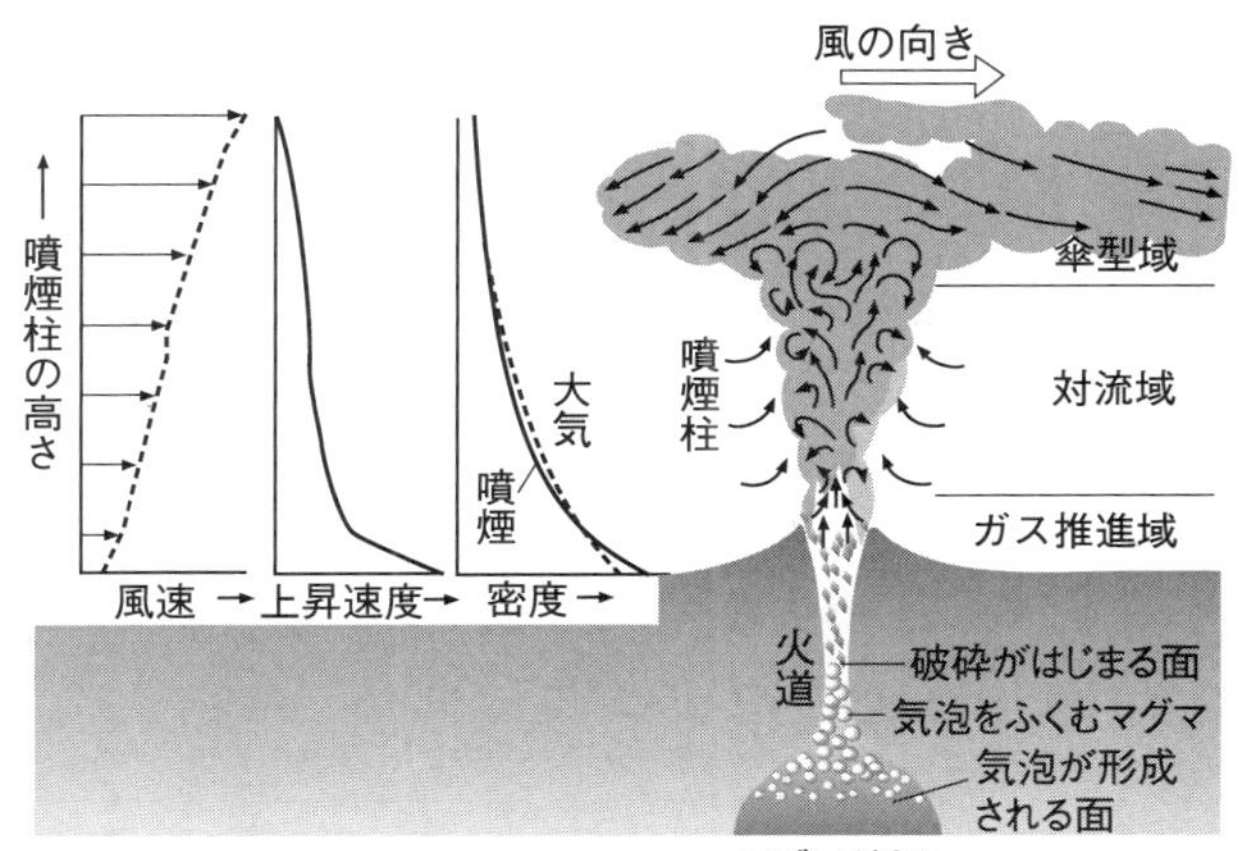

図1－12　爆発的な噴火でできる噴煙の傘のモデル

噴煙柱という。

火山灰を上昇させる力はほかにもある。火口から出たマグマが上に向けてジェットのように噴出するのである。この力も火山灰を空高く持ち上げることになる。

噴煙とともに上空に持ち上げられた火山灰は、対流圏を突きぬけて、地上約10キロメートルより上にある成層圏にまで達する。1991年のピナトゥボ火山の噴火では、人工衛星「ひまわり」によって噴煙柱が成層圏へ入り込んだ様子が撮影された。

やがて上昇する力がなくなり、ある高さ以上は昇れなくなった火山灰は、今度は横へ広がりだす。「噴煙の傘（アンブレラ）」という現象で、一定の高度で停滞し、横に伸びた火山灰の雲をつくるのだ（図1－12）。この横に広がった「傘」の下で、火山灰が降るのである。

　噴煙は、火山灰とともに火山ガスを含んでいる。これが成層圏に達すると、火山ガス中の二酸化硫黄は大気中の水と反応して、直径1ミクロン以下のエアロゾルと呼ばれる微細な硫酸滴となって成層圏に拡散し、これが太陽光エネルギーを吸収することにより、対流圏や地表の温度低下を招く。

　大規模な火山噴火は、こうして全地球規模の異常気象をもたらす。実際に火山噴火にともなう異常気象は1963年のインドネシア・アグン火山、1982年のメキシコ・エルチチョン火山、1991年のフィリピン・ピナトゥボ火山などで観測されている。エルチチョン火山の噴火では、成層圏の中を流れる風に乗って、エアロゾルが西へ流れていった。同じ成層圏の中でも、低緯度の地域では「貿易風」と呼ばれる東風が吹いているからだ。

　エアロゾルは地球を一周し、数ヵ月後には世界中でエアロゾルが観測された。この噴火で北半球の平均気温が0・5度ほど下がったという報告もある。1783年のアイスランド・ラカギガル火山の噴火では、日本にも江戸時代の天明年間の気温低下を招いたと考えられている（火山灰が引き起こす異常気象については拙著『マグマの地球科学』［中公新書］にも詳述してある）。

火山灰の被害――ライフライン

火山灰の被害は、ハイテクノロジー社会にも打撃を与える。たとえば、西風に乗った火山灰が降り積もる風下の地域にあたる東京湾周辺には、火力発電所がたくさん設置されている。そのガスタービンの中に火山灰が入り込むと、発電設備が損傷する恐れがある。また、雨に濡れた火山灰が電線に付着すると、碍子(がいし)から漏電して停電に至ることがある。すなわち、火山灰は首都圏の電力供給に大きな障害をもたらす可能性がある。

一方で、細かい火山灰は浄水場に設置された濾過装置にダメージを与え、水の供給が停止する恐れもある。このように火山灰が大都市のライフラインに及ぼす影響が心配されている。

何より、都市で生活する人々を取り巻くもののほとんどが、コンピュータで動いている。そのコンピュータにとって、火山灰は大敵なのだ。

上空から降ってくる火山灰には、細かな粒子がたくさん含まれている。これらが電子機器やコンピュータの吸気口から吸い込まれると、中に付着する。静電気によって吸いつけられるからである。そして、これらの細かい灰が機器類に誤作動を起こさせるのだ。

たとえば、野外調査にノートパソコンを持ち出し、火山灰が立ち込めるところで作業したあと、パソコンがやや不調になることがある。しかし、部屋に持ち帰って、クリーナーで丁寧(ていねい)に吸引しながら掃除すると直る。これはおそらく、細かい火山灰が原因ではないかと考えられる。

富士山が噴火して、ごく少量の火山灰が入っただけでも、電子機器やコンピュータは正常に作動しなくなるだろう。1991年の長崎県・雲仙普賢岳の噴火で、地震を観測する機器につけられているコンピュータが、火山灰によって実際に止まってしまった。正常な作動をしなくなったため、火山の観測におおいに支障をきたした。

コンピュータが機能しないというのは、言うまでもなく大変なことである。通信、運輸、金融をはじめとして、現在の多くの産業に大打撃を与える。これらのホストコンピュータの大部分は首都圏にあるので、被害が日本中から世界へ広がりかねない。ひどい場合には、電力、ガス、水道などのライフラインにまで支障が出るだろう。どの企業も官庁も、電子機器やコンピュータの小さな穴から入り込む火山灰の対策までは、まだ手が回っていない。

たとえば、高速で走る新幹線は、すべてが電子制御されている。火山灰が5ミリメートル積もったら、信号機やポイントなどの電気系統の故障による想定不能の障害が起こりえるため、運行はきわめて難しくなる。実際、鹿児島市では桜島から頻繁に噴出する火山灰の影響で鉄道の運行がたびたび止まっている。これまで、大雨や台風や雪に対する備えは考えられていたが、火山灰への対策となると、新幹線でもまだほとんどなされていないというのが現状である。

火山灰の被害――交通機関

　火山灰は、自動車の運転にも大きく影響する。火山灰が降りはじめると昼間でもうす暗くなり、急速に視界が悪くなる。道路に火山灰が積もると、車は火山灰を巻き上げながら通行する。舞いあがった火山灰は、自動車の吸気口から吸い込まれる。これがエンジンのフィルターを詰まらせるのだ。この結果、道路には走行不能となった自動車が多数、立ち往生することになる。

　具体的には、火山灰が1ミリメートル降り積もると時速30キロメートル以下に、また5ミリメートル積もると時速10キロ以下まで速度が落ちるとされる。２０１１年1月に噴火した宮崎・鹿児島県境の霧島火山新燃岳では、宮崎県都城市で数センチメートルの火山灰が積もり、車がスリップする交通事故が多発した。

　このように基本的には、火山灰が道路上に1センチメートル積もったら運転は不可能となる。聞くところによると、トヨタの自動車には桜島火山から降ってくる火山灰対応の「鹿児島仕様」車があるという。このような対策が、富士山の風下の地域で必要となってくるだろう。

　したがって、火山灰が降っている最中の運転には、さまざまな注意が必要である。

　まず、ワイパーを使うとフロントガラスの表面が傷ついて、すりガラスのようになってしまう。よってウォッシャーを頻繁にかけながら使用しなければならないが、水を含んだ火山灰はべっとりとフロントガラスにこびりつくだろう。

また、エアフィルターやオイルフィルターは、火山灰が詰まって機能が低下する前に交換する必要がある。

さらに、道路上に薄く積もった火山灰が、タイヤを滑らせるおそれもある。イタリアのシチリア島にあるエトナ火山の噴火で、実際にこのようなことが起きた。エトナ火山はヨーロッパ最大の活火山で、富士山と同じくらいの大きさの広大な裾野をもっている。10年に1回ほど噴火を繰り返しながら、溶岩と火山灰を噴出してきた。このエトナ火山が2002年に火山灰を大量に噴出した。その東には、シチリア島第二の都市カターニアとメッシーナを結ぶ幹線の高速道路が通っているのだが、道路の上に薄く積もった火山灰によって、たくさんの車がスリップ事故を起こした。まもなく高速道路は閉鎖され、降り積もる火山灰が完全に除去されるまで通行不能となってしまった。

火山灰降下の初期には、細かい火山灰がタイヤと道路の間で滑りやすい面をつくる。この現象はごくわずかの量の火山灰でも起きるので、非常に危険である。富士山から火山灰が降り出した場合も、エトナ火山と同様のことが東名高速道路で起こるだろう。

だが、富士山の噴火による影響が最も大きい乗り物は、航空機である。富士山の周囲には東日本と西日本を結ぶ航空路がひしめいている。また、富士山の東には羽田空港と成田空港があり、さらに横田、厚木、木更津、入間、百里といった自衛隊と在日米軍の基地も多数ある。さらに富士山の東方には、外国航路もたくさん通っている。これら、風下にある航路と空港が、まったく使用不能になってしまう可能性があるのだ。

火山灰は飛行機やヘリコプターや船舶のエンジンを止めてしまう。エンジンの吸気口から入り込んだ細かい火山灰は、いったん高温のエンジンの中に入る。火山灰は摂氏５５０度を超えると、軟らかくなりはじめる。エンジンの燃焼室の温度は摂氏１０００度にもなるので、火山灰は完全に溶けてしまう。溶けた火山灰はマグマと同じである。このマグマは、燃焼室から出ると一気に冷やされる。冷えたマグマは固まって岩石となり、燃焼ガスの噴射ノズルをふさいでゆく。完全にふさがれると、エンジンは停止する。

インドネシア・ガルングン火山の１９８２年噴火や、アラスカ・リダウト火山の１９８９年噴火では、このようなことが実際に起きた。ジェット機の四つのエンジンがすべて止まり、墜落の危機に直面したこともある。高度を下げたあとにエンジンが始動したため、かろうじて着陸することができたが、たかが火山灰などと侮（あなど）ることは決してできないのだ。

また、火山灰が操縦席の外窓のガラスに当たって、ひび割れを起こしたり、細かい傷がついてすりガラスのようになることもある。これらも飛行中の操縦に大きな支障をきたす。

したがって、国際的な取り決めで、火山灰の漂（ただよ）う領域は飛行してはいけないことになっている。現在、火山から噴出した火山灰が空中を漂う状況は、人工衛星で撮影された画像を用いて監視されている。火山灰が流れている上空に航空機が進入しないよう、警告が出されるシステムができている。

航空機の運航がコンピュータによって制御されている点は、新幹線とまったく同じである。少量の火山灰が思わぬ障害を生む。さらに空港の滑走路では数ミリメートルの火山灰でも地面の標識と目印が見にくくなるため、灰を除去するまで使用できない可能性がある。

富士山から出る火山灰は羽田空港と成田空港の両方に影響を与え、首都圏の旅客と物流を担う両空港が長期間にわたって使えなくなるおそれがあるのだ。

降灰のシミュレーション

ここで、大規模な噴火が富士山で起きた場合にどのように火山灰が広がるのか、時間経過に沿ってシミュレーションを見てみよう。

かりに１７０７年の宝永噴火と同規模の噴火が15日続いたと想定すると、富士山東部の静岡県御殿場市では１時間に１～２センチメートルの火山灰が降り続き、最終的に１２０センチメートルに達する。また、富士山の山頂から80キロ離れた神奈川県横浜市では１時間に１～２ミリメートルの火山灰が断続的に降り、最後には10センチメートルの厚さになる。これは江戸時代の記録

図１－13　クラーク空軍基地に駐機していたジェット機が火山灰の重みで傾いた（US Geological Survey 提供）

とほぼ等しい数字である。さらに、90キロメートル離れた東京都新宿区では噴火開始の13日目から1時間に1ミリメートル降り、最終的に１・３センチメートル降り積もる。

これにより、富士山の周辺では建物の倒壊などの被害が出るほか、噴火から10日過ぎには富士山から１００キロメートル以上離れた首都圏の全域で、道路・鉄道・空港・通信・金融などあらゆる方面で影響が出る恐れがある。

富士山の火山灰被害の対策は、桜島で噴出する火山灰が参考にされる場合があるが、実は両者には規模の点で大きな開きがある。宝永噴火をはじめとする富士山の大規模噴火では、最近50年間に桜島が毎年放出してきた火山灰の２００年分を超える量が、たった半月で出たのである。

しかも、江戸時代とはまったく異なるハイテクの過密都市を襲う状況には、不確定の要素が非常に多い。こうした点の災害シミュレーションも今後は必要になるだろう。

政治経済にも重大な影響

火山灰の被害は直接的なものにとどまらず、間接的にも重大な災いをもたらす。1991年6月に起きたフィリピンのピナトゥボ火山の大噴火は、国際情勢にも大きな影響を与えた。火山灰が大量に降ったため、風下にあった米軍のクラーク空軍基地が使えなくなったのである（図1－13）。

その後の米軍はフィリピン全土から撤退を余儀なくされた。いわば火山の噴火が極東の軍事地図を描き換えてしまったのである。富士山が噴火すれば、神奈川県厚木市にある厚木米海軍飛行場と海上自衛隊厚木航空基地に関連する在日米軍の戦略が、大きく変わる可能性もある。

2004年に内閣府から発表された富士山噴火の災害予測では、大量の火山灰が首都圏を中心として関東一円に大きな影響を与えることが明らかにされた。しかも、江戸時代と異なり高度の科学技術に依存している都市機能に、はたしてどの程度の被害が出るのか、不明な点は多い。

富士山から降ってくる火山灰への対策は、直下型地震などとともに日本の危機管理項目の一つと言っても過言ではない。

第 2 章
溶岩流
断ち切られる日本の大動脈

1万1000年前の富士山噴火で流れ出した三島溶岩。これだけの溶岩がいま流れ出したら東海道新幹線や東名高速道路が断ち切られ、日本は東西に分断されてしまう。五竜の滝では三島溶岩の上から10mも水が落下している（三宅康幸氏撮影）

マグマは地表に出るといろいろな形に姿を変える。マグマとは地下にある高温の溶けた岩石のことだが、その語源はギリシア語の「濃い液体をこねる」に由来する。活火山の地下には必ず灼熱のマグマがたまっている場所がある。

マグマの温度は、摂氏１３００度から１０００度くらいの範囲にある。焚き火などで石を焼くと、まっ赤になることがある。これは５００度を超えている状態であるが、１０００度を超えるようなマグマは真っ赤を通り越して「白熱」しているのである。

火山灰や軽石も元はマグマだが、「溶岩」もマグマの代表的な産物である。

溶岩とは何か

溶岩とは、マグマが液体のままで地表に流れ出たり、地表の近くまで貫入したものをいう。マグマが噴水のように高く噴き上がることを溶岩噴泉という（第10章の扉写真参照）。マグマがたくさん流出して大きな池をつくると、溶岩湖となる。いずれも水のように噴き上がったり流れたりする液体の性質に基づいている。

液体の溶岩は、地表に出た地点から標高の低いほうへ流れる（図２－１）。正確には、地面の傾斜が最も急な方向へと流れるのである。地形に沿って、かなり遠くまで流れ下ることもある。

溶岩の流れ方は「粘性」によって決まる。粘性とは「粘り気」を表す言葉である。粘性が大き

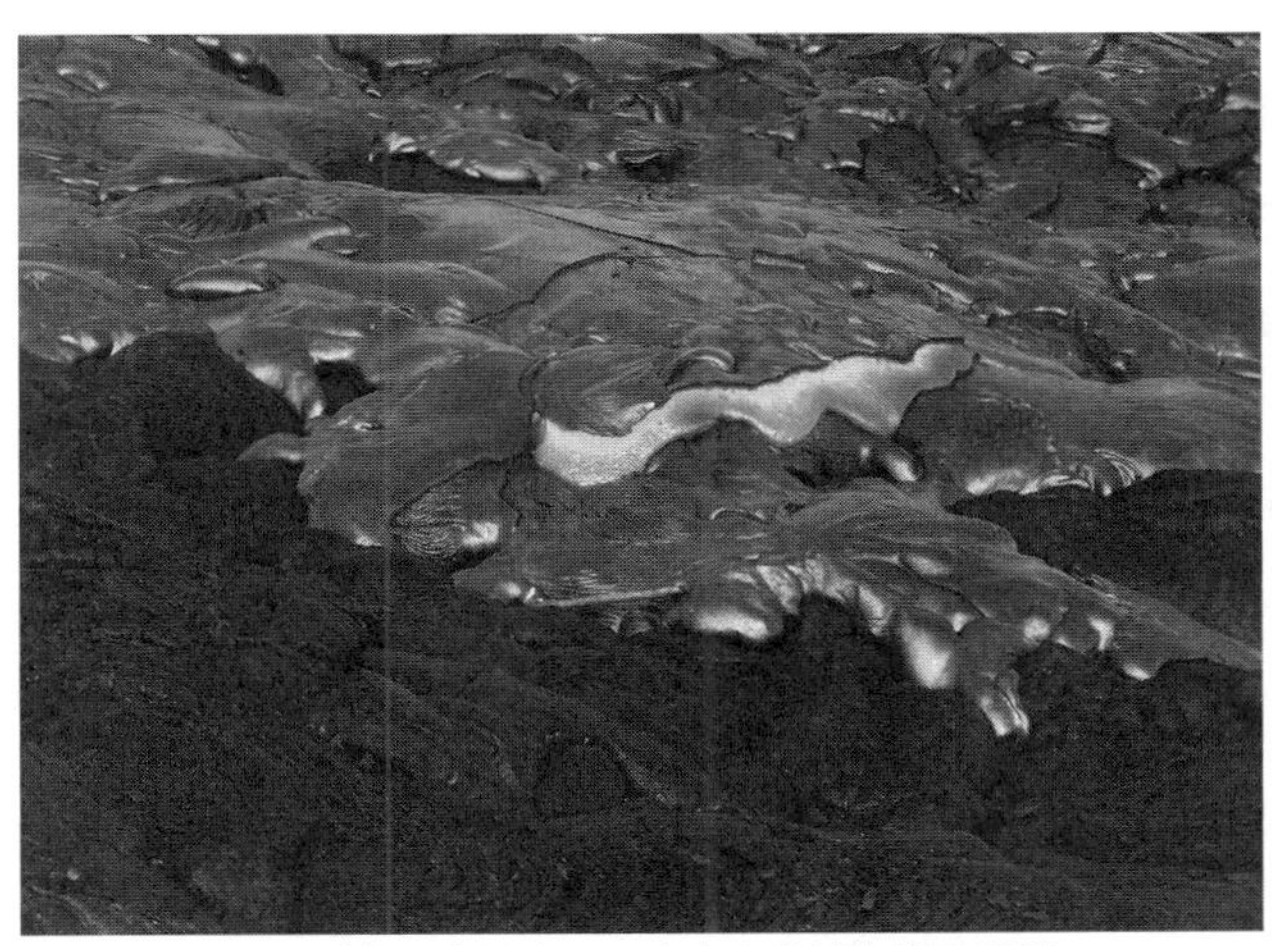

図2－1　ハワイ島のキラウエア火山から流れ出る溶岩
(鎌田浩毅撮影)

いとドロドロと流れ、小さいとサラサラと流れる。水は粘性が小さい液体の代表で、蜂蜜は粘性が大きい液体の例である。

粘性を決める要素には、温度と化学組成がある。

まず温度が低いほど流れにくくなり、高温だと流れやすくなる。たとえば、天ぷら油を熱していくとサラサラになるのも、同じ現象である。高温になるほど粘性が小さくなる理由は、原子の振動が激しくなるからである。激しく動くと溶岩全体が流動しやすくなる。

これに対して、低温では振動が減るので、動きがにぶくなる。溶岩は地表に出て流れはじめると冷えていき、温度が下がるにしたがって粘性が増し、そのうち停止する。

また、粘性に影響する化学組成としては、

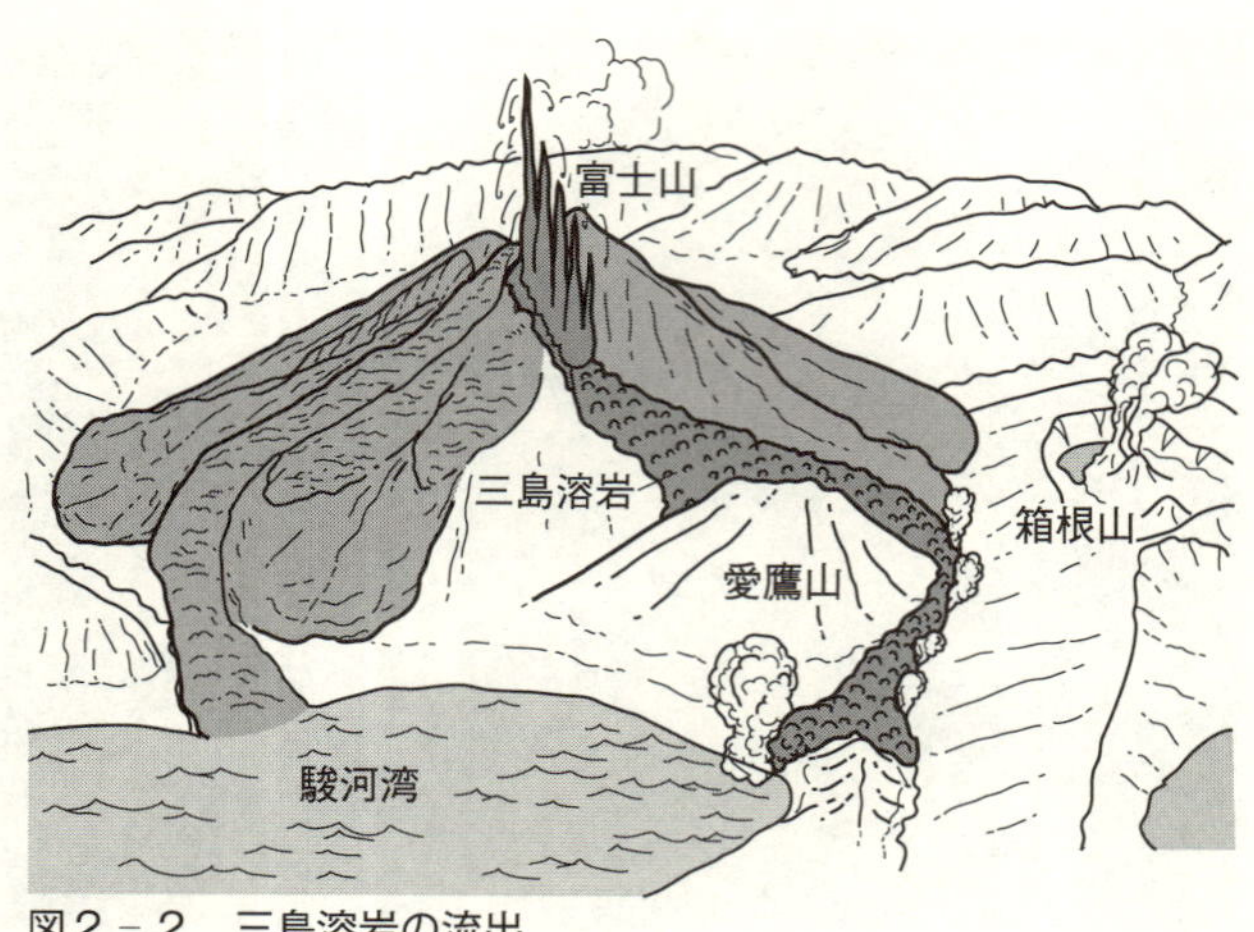

図２－２　三島溶岩の流出

溶岩に含まれている二酸化ケイ素の量が重要である。二酸化ケイ素は粘り気のもとであり、これが多いと粘性が大きくなる。反対に二酸化ケイ素が少ない場合は、粘性が下がる。マグマの中で二酸化ケイ素は互いに手をつないで、網目状の構造を作っている。このため二酸化ケイ素が増えると、ドロドロとしてきて流れにくくなるのだ。

富士山は粘り気の少ない玄武岩（げんぶがん）質のマグマからできた火山である。富士山から流れ出す溶岩は、粘性が小さくサラサラしている。その代表例が１万１０００年前に噴出した三島溶岩で（図２－２）、山の南東側の中腹から流出して現在の三島駅を越え、海岸近くまで達した長大な溶岩流である。その長さは30キロメートル、幅は数百メートルにも及び、ハワイの溶岩流のように薄く広がる溶岩が何十枚も積み重なっている。三島市には１メートルくらいの厚さ

図2－3　JR三島駅北口に見られる三島溶岩の断面
全体では厚さが50メートル以上にもなる（鎌田浩毅撮影）

の溶岩が現在も残っていて、三島駅北口を出て左のバスターミナルで、その断面の一部を見ることができる（図2－3）。日本で見られる溶岩流としては最大級のものである。

この三島溶岩のほかにも、富士山には北側へ流れ下った長大な溶岩がある。猿橋（さるはし）溶岩という山梨県大月市に見られる溶岩で、45キロメートル以上も流れ下っている。富士山は長大な溶岩を流し出す代表的な山でもある。

富士山の溶岩は、長く流れるだけでなく、その量が多いことでも知られている。北麓の富士五湖にある青木ヶ原（あおきがはら）溶岩は、大量の溶岩が流れ出た代表例である。青木ヶ原樹海に覆われていることでも有名だ。

青木ヶ原溶岩は平安時代中期の貞観（じょうがん）年間、864～866年に噴出した。一連の噴火活動は、富士山の「貞観噴火」と呼ばれている。大量の溶岩が出た結果、もともとあった剗海という大きな湖が分断され、現在の西湖と精進湖ができたと考えられている。

溶岩の種類

ここで、岩石の種類について述べておこう。地上に出てきたマグマが固まって岩石となったものを火山岩という。火山岩は化学組成の違いによって分類されている。大きく分けて玄武岩、安山岩、デイサイト、流紋岩という四つの岩石名が用いられている。

この四つの火山岩はそれぞれ色が異なり、表面の模様にも違いがある。これらの特徴によって、見慣れてくると野外でも識別できるようになる。

火山岩の種類は、二酸化ケイ素（SiO_2）の量によって分けられる（図2－4の上図）。ただしこれは人為的な分類であり、自然界には中間のものがいくらでもある。便宜的に人間が呼び名を変えただけだ。

玄武岩、安山岩、デイサイト、流紋岩の順に二酸化ケイ素が増えるにつれて、色が白くなる。図2－4の下図の色指数では数字が少ないほど白に近い。二酸化ケイ素の増加によって、色を黒くする他の成分（鉄など）が減ることで、白っぽくなるのである。

これらの火山岩は、化学組成だけでなく地表に出たときの温度も異なる。玄武岩の温度は摂氏

おもな岩石	溶岩の性質 SiO$_2$量 %（重量）	粘性〔水＝1〕	温度〔℃〕	実例	火山の形と噴火の様式
	50	10^4〜10^5	1200	ハワイ島の火山	たて状火山（主として溶岩流）
玄武岩			1100	三原山 富士山	成層火山（火山灰・火山弾の放出と溶岩流）
		10^7〜10^9			
安山岩	60		1000	浅間山 桜　島	
デイサイト				昭和新山	溶岩円頂丘（主としてなかば固まった溶岩の上昇）
流紋岩	70	10^{10}〜10^{12}	900		
噴出物は主として水蒸気				磐梯山（ばんだい）	水蒸気爆発と火山体の崩壊

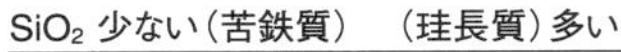

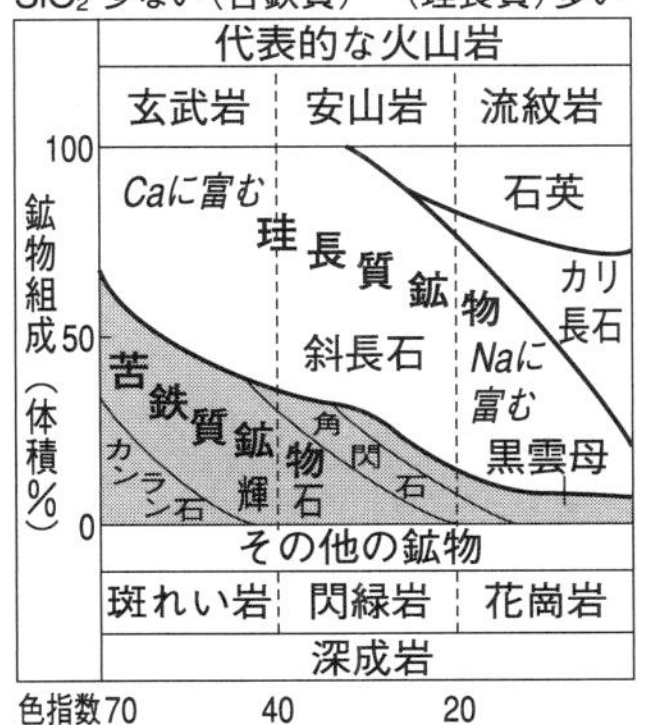

図２－４　火山岩の名前（上）と二酸化ケイ素（SiO$_2$）の量（下）
下の図ではデイサイトを省略してある

１１００度である。これよりも二酸化ケイ素の多い安山岩は１０００度、もっと多い流紋岩の溶岩は９００度くらいで地表に出てくる。つまり二酸化ケイ素の量が多いマグマほど低温なのだ。

　このくらいを知っていると、富士山ほか日本中にある火山の岩石を身近に感じることができるだろう。日本の火山は、たった四つの岩石名を知っていれば何とかなるのである。

富士山の火口のできかた

　富士山には溶岩を流し出した火口がたくさんある。その中でも山頂は、やはり最大級の火口だが、このほかにも中腹に多くの穴が開いているのをご存じだろうか。

　たとえば南東側には、宝永火口という巨大な火口がある（第6章の図6－10参照）。300年前の宝永噴火で江戸まで火山灰を降らせた直径1・3キロメートルの火口だ。それは、富士山の火口でも最大の直径である。さらにその下にも、小さな火口が南東方向へ連なっている。

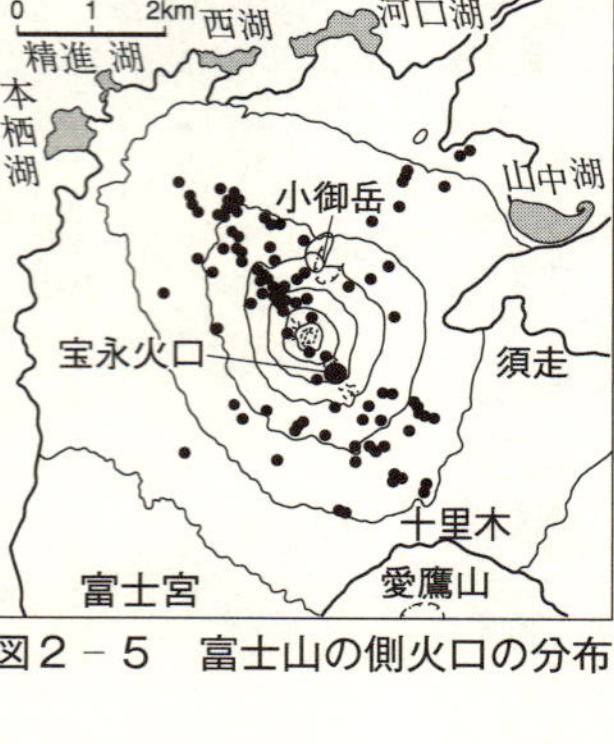

図2－5　富士山の側火口の分布

　富士山の北側でも、同じように火口がたくさんできている。こちらは北西方向に小規模の火口が並んでいる。ちょうど山頂をはさんで南東と北西という反対方向に、小さな火口が密集していることになる（図2－5）。これらの火口は「側火口」と呼ばれている。つまり、富士山のマグマは山頂の大きな火口と山麓にある小さな側火口から出てきたのだ。

　なぜ火口はこのような分布をしているのだろうか。実は、この分布は偶然できたものではなく、地下の状態を反映しているのである。これを理解するためには、地下からマグマがどのよう

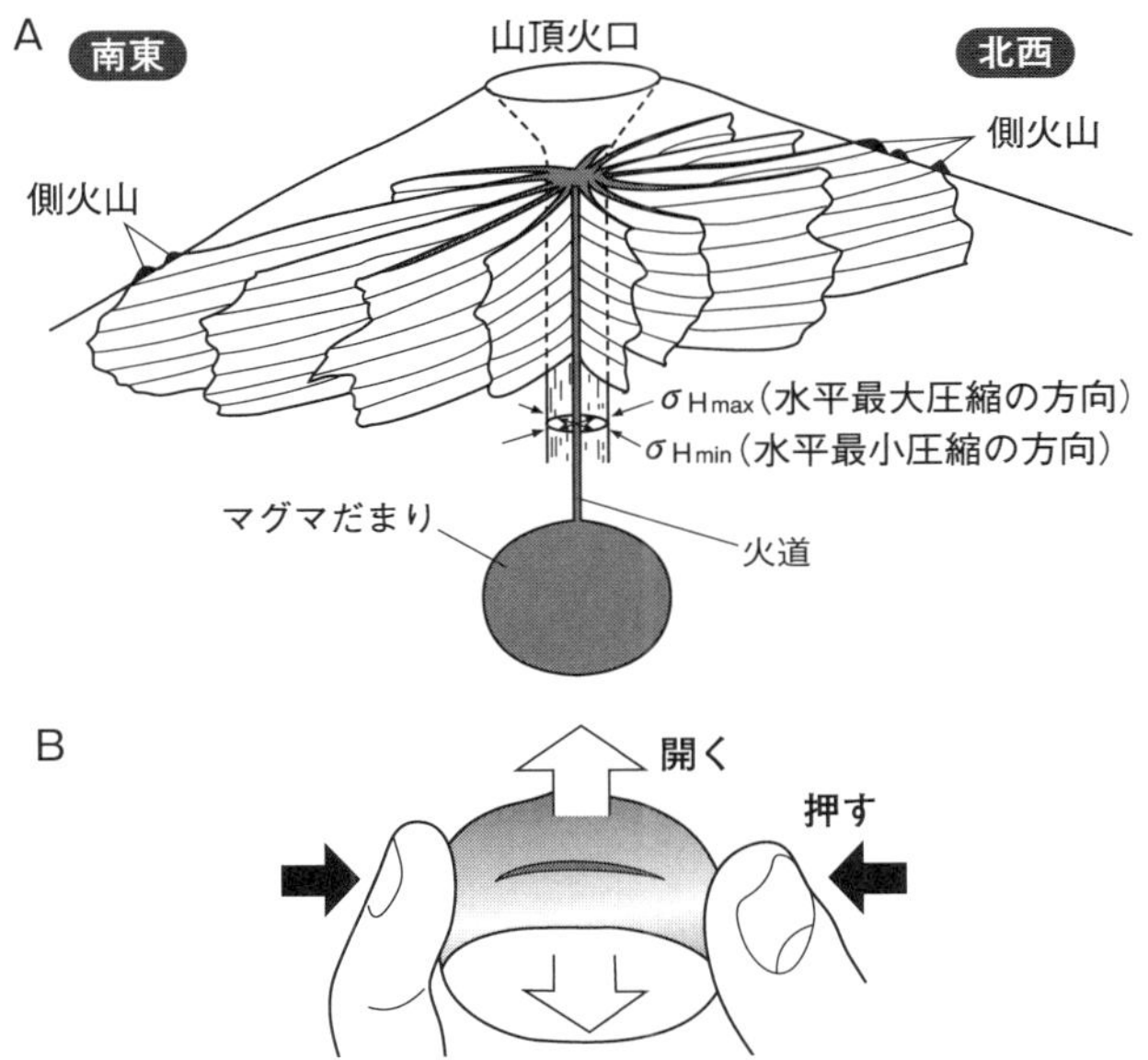

図2－6　A：富士山の火口地下の立体的に描いた水車モデル
「板」の全体が火道で、地上に出たところで噴火する
B：甘栗が割れる方向を示したモデル

な道を上がってくるかを考えてみればよい。

マグマの通る道のことを「火道」という。山頂火口の火道は、ストローのような管である（図2－6A）。

火道の下にはマグマがたまっている場所がある。これを「マグマだまり」という。マグマだまりと山頂とのあいだをつなぐメインの火道からさらに横に、板のようなサブの火道が放射状についている。ちょうど水車の羽根板のように火道が広がっていることから「水車モデル」と呼ばれている。

この板状の火道が地上にぶつかったところに側火口ができ、その上に側火山が作られるのだ。板状の火道の長さは均一ではなく、方向によって違いがある。富士山では一番長い羽根が北西と南東にくる。図2-6Aと実際の富士山の火口分布(図2-5)を見比べると、北西―南東方向に最も長く伸びている板状の火道と、火口の並びが対応しているのがわかる。

山頂火口と側火口には、噴き出た場所が違うというだけではなく、より本質的な違いがある。山頂火口は山の中央にあるから中心火口ともいわれる。ここを中心として円錐状の高い山ができている。たとえば、砂を平らな場所に降らせていけば円錐形の砂山になる。つまり、中心火口とは物質が最もたくさん地上に出て、周囲よりも高い山をつくった場所なのである。そのために同じ火道を何回も使用してマグマが上がってきている。山頂火口とは、最も使用頻度の高いマグマの通路ということができるのだ。

これに対して側火口は、火道として繰り返し使われることはふつうあまりない。一度使われると、次にマグマが上がってくるときには別の場所を破って地上に出てくるようだ。このために側火口は散らばっている。

しかし、側火口はまったくランダムにできているのではなく、地下にある主要な割れ目に沿ってできる。それが富士山の場合では、北西―南東方向に偏(かたよ)ってできやすいのだ。

その理由は、富士山の地下にかかっている力にある。富士山を含む関東南部には、フィリピン海プレートと呼ばれる岩板が沈み込んでいる。その沈み込む方向が、まさに北西―南東方向なのである。この方向に力が加わり、地下深部で割れ目ができやすいのである。甘栗を親指と人差し指でつまんで割るときのように（図２－６Ｂ）、押した方向に割れ目ができるのだ。

世界各地の古い火山では、地上に残った板状の通路を見ることができる。板状の火道をマグマが満たしたまま固まり、長い年月のあいだに周囲の軟らかい部分が削られて露出するのである。たとえば、阿蘇山の東の端にある根子岳（ねこだけ）の山頂には、こうして残った板状の火道の跡がある。

これは、火道内で冷え固まった溶岩が周囲の地層よりも硬いので、長年の侵食に耐えて残ったものであり、岩脈（がんみゃく）とも呼ばれている。

溶岩流のハザードマップ

さて、富士山のハザードマップでは、溶岩の流れ方も予測されている。まず溶岩のハザードマップがどのようにして作られているのかを見てみよう。そこには次のようなプロセスがある。

まず、これまでに溶岩を出したことがある火口の位置を書き込んでいく。これは「実績火口」と呼ばれ、具体的には３２００年前よりあとにできた火口の位置である。実績火口は図２－５で示した側火口の分布とほぼ等しい。なぜ３２００年前かといえば、富士山が史実に残る噴火とほぼ同様の噴火を始めたのがこの時期から、という理由によるが、くわしくは第7章で述べる。

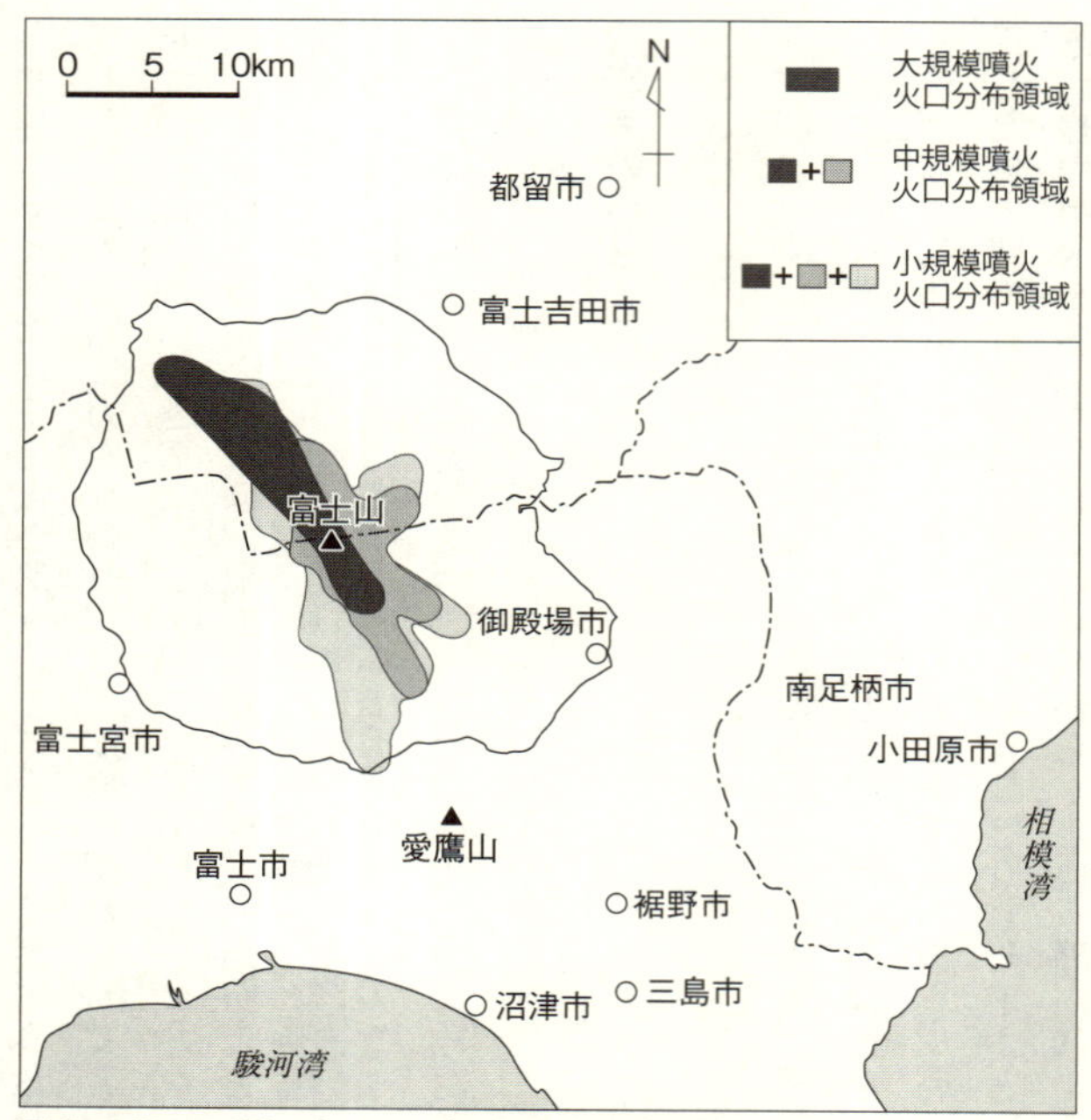

図2－7　ハザードマップの想定火口範囲
想定火口線の周囲1キロメートル以内と想定されている。起こりうる噴火の規模によって大規模・中規模・小規模の三つに区別されている

さて、過去の火口を調べてみると、驚くことに、富士山のかなり下のほうにも、実績火口があることがわかる。その地下では、マグマが横方向に岩石を割って入ってきていた。山頂火口の直下から割れ目を伝ってマグマが横方向に移動していたのである。

そのため、今後も実績火口と山頂をつなぐ途中の地点から噴火する可能性がある。また、地表の堆積物に隠れてまだ確認されていない実績火口が埋もれていることも考えられる。そこでハザードマップには、麓の実績火口と山頂をつないだ線を「想定火口線」として記載している。

ただし富士山では、火口と火口のあいだの距離が1キロメートルを超えることはほとんどない。よって今後の噴火でも、新たな火口は「3200年前」以後にできた実績火口の位置から1キロメートル以内にできると予測される。したがって、「想定火口線」の周辺から1キロメートル以内までが「想定火口範囲」と考えられ、この中から噴火が起きると予想できる（図2－7）。

想定火口範囲は起こりうる噴火の規模ごとに、大規模噴火の火口、中規模噴火の火口、小規模噴火の火口の三つに区別されている。これらの規模の決め方については、あとで述べる。

溶岩流のシミュレーション

火口の想定範囲がわかったら、ここから溶岩が流れ出すとどうなるかを考えることになる。

実際の溶岩流に対する防災では「どこから流れるか」「どの範囲まで流れるか」「どのくらい時

間がかかるか」「厚さはどれくらいか」を予測する必要がある。そのために、コンピュータ上で数値シミュレーションが行われた。

コンピュータ・シミュレーションでは、複雑な自然現象を簡略化してデータ入力するわけだが、その際には、そのデータが富士山の溶岩流を代表するものでなければならない。したがって、過去に実際に起こったデータを入力し、シミュレーション結果が実際の記録と違わないことを確認する必要がある。すでに桜島や伊豆大島では、このような溶岩流の数値シミュレーションが行われている。富士山の数値シミュレーションでは、溶岩流が流れ下る過程でだんだん冷えていき、最後に固まってしまう状態が想定された。

また、溶岩流の規模を、溶岩の「噴出総量」によって大規模、中規模、小規模の三つに分けた。大規模噴火の噴出総量は7億立方メートル、中規模は2億立方メートル、小規模は2000万立方メートルである。

溶岩の流れを予測する際には、これら噴出総量とともに「噴出流量」が重要である。つまり、「ある時間にどれくらいの溶岩が流れるか」の割合である。

噴出流量は、それぞれの噴火でかなりばらつきがある。最終的にどれだけ流れたかを表す噴出総量の大きいほうが噴出流量も大きくなると考えがちだが、実はそうではない。むしろ、噴出流量の小さな噴火ほど長期化して、結果として大量の溶岩を流出する。

たとえば噴出総量の大きかった青木ヶ原溶岩の場合は、10年以上も流出したと考えられている。とても1～2年でできるような溶岩原ではないのである。逆に、噴出流量の大きい噴火は短時間で終息し、少量の溶岩流を形成して終わることが多い。

数値シミュレーションで用いた噴出流量は、大規模噴火の場合は貞観噴火のときに出た青木ヶ原溶岩の例を基準にし、中規模噴火と小規模噴火の噴出流量は、剣丸尾（けんまるび）第一溶岩・印野丸尾（いんのまるび）溶岩などの五つの事例をもとに推定した。こうして算出した数値シミュレーションの結果を、実際に流れ出た実績と照らし合わせてみると、かなりよく合っていることがわかった。

溶岩流の可能性マップ

これで、溶岩流がどこまで達するか、到達範囲を示す地図が作成できる。このような図は「溶岩流の可能性マップ」と呼ばれ、「時間」と「範囲」の二つの情報が盛り込まれる。すなわち、噴火が始まってから何時間後に溶岩がどこまで流下するかがわかるようになっているのだ。

まず、噴火の大規模、中規模、小規模ごとに溶岩流のマップを作り、それらを合成する。それぞれの到達時間ごとに滑（なめ）らかな線で結び、溶岩流が最も早く到達する時間を示したのが溶岩流の可能性マップである（図2－8）。

大規模、中規模、小規模のマップを合成するのは、理由がある。溶岩流の到達範囲は、溶岩の

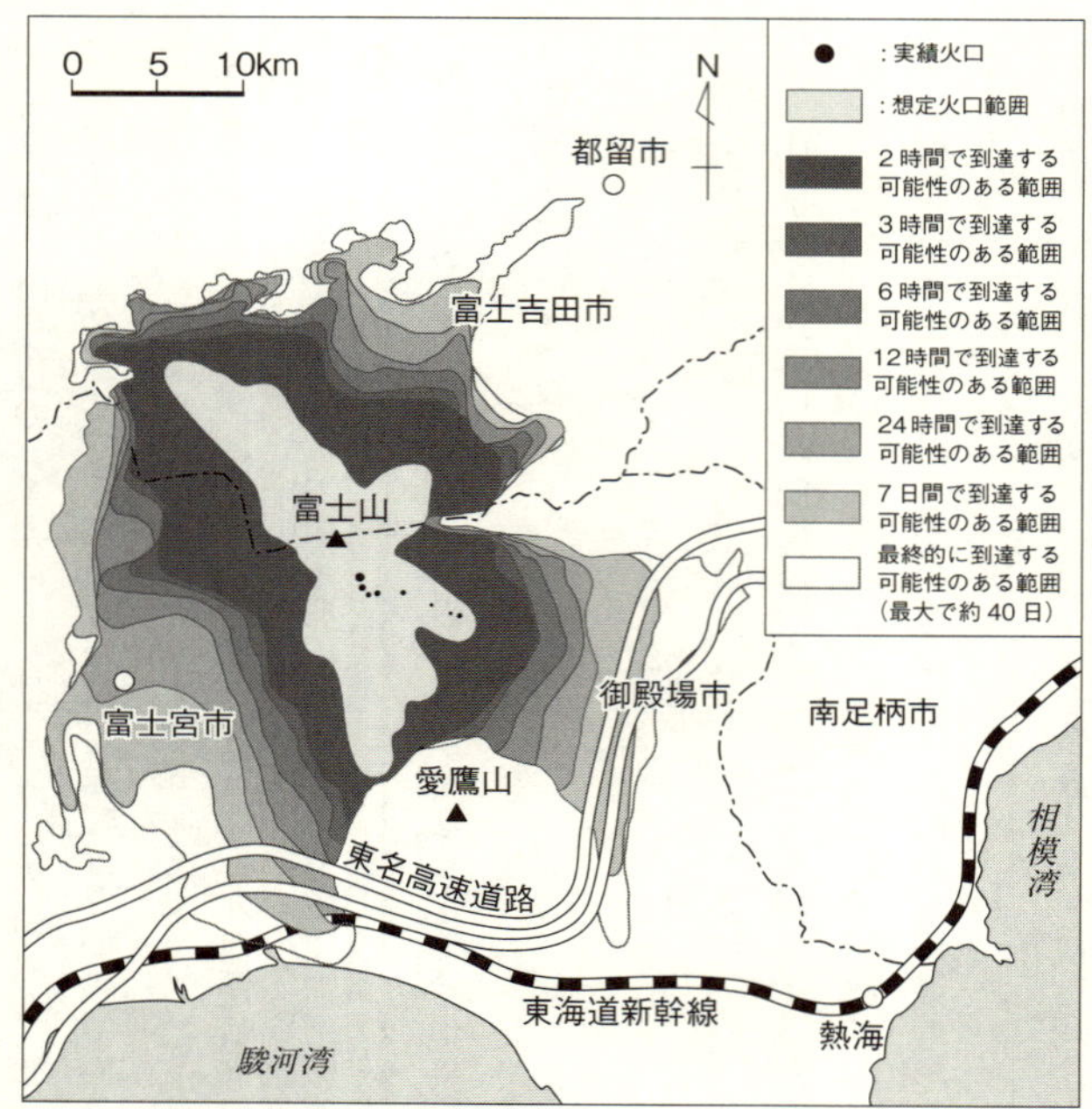

図2－8　溶岩流の可能性マップ

大規模・中規模・小規模それぞれの溶岩流の、マップ上の到達時間を合成したもの。溶岩が時間の経過によってどこまで到達するかを示している

規模と火口位置とでずいぶん異なってくる。たとえば最も遠くまで到達する範囲は、大規模溶岩流によって決まるし、1日（24時間）程度で到達する範囲は、火口が下の方にある小規模溶岩流によって決められることが多い。しかし火山噴火では、まだ発生していない現象について、その規模を噴火発生前に決めることはたいへん難しい。とくに噴火規模は、火山活動がすべて終わりかけてからやっとわかることが多い。噴火規模が特定できる前に、住民の避難を指示しなければならないというのが現実なのだ。このことから、噴火規模によって何枚もの可能性マップを作るのは適当でないと判断し、それぞれを合わせたものを図示することにしたのである。

溶岩流の可能性マップでは、図2－7の想定火口範囲が中央に示され、その周囲に時間ごとに区切られた溶岩流の想定到達範囲が表示されている。時間は2時間から7日間までの6段階に分けられ、さらに、最終的な到達範囲が描かれている。この時間は最大で約40日とされている。ただし、いま述べたように可能性マップはすべての情報を総合した図なので、どのような規模の噴火がどこから起こるかをよく考えながら解読しなくてはならない。

ここまで、自治体などに配られたハザードマップをもとに解説したが、地域の住民や観光客には、もっと簡単なハザードマップが配付されている。第1章の図1－5は、その一部なのだ。

溶岩流については、まず、緊急に避難することが必要な範囲を「溶岩が流れ始めた場合に、すぐ到達するかもしれない範囲（3時間程度を想定）」としてある。これは、住民へ避難の指示が発せられてから避難が完了するまでに、3時間ほどかかるからである。また、緊急度は低いが、火口の位置によっては避難する必要がある範囲を「溶岩が流れ続け、1日くらいで流れ下る範囲」として表示してある。これも実際に避難に必要な時間から考えられたものだ。

溶岩流ハザードマップの読み方

では、こうしてできた溶岩流のハザードマップから何が読みとれるだろうか。

一般的には溶岩流は、流れる速さがそれほど速くないため、溶岩の流出が確認されてから避難を始めても余裕がある場合が多い。

しかし溶岩流の可能性マップを見ると、山麓にある火口の近くなどでは、溶岩が短時間で到達する可能性がある。また、裾野の富士吉田市や御殿場市の一部には、24時間以内に溶岩が流れてくる可能性がある。これらの場所では、速やかな避難が必要となる。このように、地域ごとに分けて溶岩流に対処すべきであることが、可能性マップからわかるのだ。

また、緊急に避難が必要でない地域においても、噴火が長く続いて大量の溶岩が流出した場合には、避難範囲を拡大する必要が生じる。とくに大規模噴火では、噴出総量も噴出流量もともに増えるので、注意が必要である。この場合の避難範囲は「最大到達範囲」が目安になる。

これらを総合して、「緊急に避難する範囲」「緊急性は低いが避難が必要な範囲」「大規模な噴火の場合に避難が必要になる範囲」の三つの観点から把握しておけば、ハザードマップの理解としてはひとまず十分だろう。

ただし、ハザードマップは、健康な人が行動する時間を標準に作成されているので、緊急に避難が必要でない地域においても、高齢者や入院患者などは早めの避難が必要である。

溶岩流は制御できるか

しかし、溶岩流のハザードマップを見て多くの人が気になるのは、溶岩が南へ下った場合、東海道新幹線や東名高速道路が寸断されてしまう可能性があることだろう。国家の危機ともいえるこの事態を、避けることはできないのだろうか。

その方策を考えるためには、溶岩流の制御に成功したイタリアのエトナ火山の例が役に立つ。

エトナ火山では、古くは１６６９年の噴火で、溶岩流の進む方向を変えたことがある。この噴火で溶岩がシチリア島第二の都市カターニアの方向へと流れ下っていったとき、市民たちは大がかりな溝を掘って、パルテノという町の方角へ流路を変えようとしたのである。

このため、パルテノの市民たちは怒って、カターニア市民とのあいだで紛争となった。結局、大量に流出した溶岩流はカターニアの方向へと流れ下り、３０００人を超す犠牲者が出た。歴史上たいへん有名な火山災害である。

時代が下り、1983年に起きたエトナ火山の噴火では、ロープウェーの発着場やレストランが溶岩流によって埋没するという事態が発生した。その下流にはニコロージなどの、エトナ山麓の市街地があった。このとき、溶岩が流れてきた初期に冷えて固まった天然の「溶岩堤防」を破壊して、溶岩流の進む向きを変更するというアイデアが考えだされた。溶岩堤防の側面の崖に何本ものダイナマイトをしかけて、溶岩流の本流から横へそらそうというのである。本流の右岸側に2メートルほどの深さで溝を掘り、過去の噴火で生じた火口へ溶岩を誘導しようとしたのだが、これはあまりうまくいかなかった。

1991～93年にかけて473日間も続いたエトナ火山の噴火の際にも、同様の試みがなされた。この噴火では総計2億5000万立方メートル以上の溶岩が、毎秒6立方メートルの割合で7平方キロメートルの地面を覆い、溶岩流はエトナ火山の南東にあるザフェラーナの町へ向けて流れていった。とりわけ1992年1月には、厚さ10メートルもの溶岩が、割れ目火口から5・5キロメートルを流れ下った。それに対し陸軍と消防士たちが、長さ234メートル、高さ21メートルの障壁を築いたのである。

しかし、溶岩流は障壁の基礎部分に達すると、1ヵ月ほどでついに障壁を越えてしまった。急斜面で溶岩は加速し、ザフェラーナの住民7000人を脅（おびや）かした。やがて溶岩流は最後の障壁をも乗り越え、ザフェラーナから離れた2軒の家を破壊し、さらに果樹園を覆った。

火山学者の考案により、別の方法が試みられた。溶岩がつくった土手の上部を空から爆弾を投下して壊し、溶岩を人工の側溝へ流し込もうというのだ。

まず、溶岩流の本流にある「溶岩トンネル」に大きな溶岩の塊を投げ入れて、流れをせき止めた。溶岩トンネルとは、地下を熱い溶岩が流れ下るトンネル状の通路のことで、何キロメートルも下流に溶岩を運ぶ役割をする。さらに、コンクリートの巨大な塊を、溶岩の流れをさえぎるために投下したが、その効果は決定的なものではなかった。

しかし、ついに7トンの爆薬で、溶岩を寸断することに成功した。流れは別の進路をとるようになった。幾多の試行錯誤がようやく実り、溶岩は町の手前にある谷に堆積して、ザフェラーナは破壊を免れたのである。

一般に、溶岩流の流出では、進行する突端をせき止めることは難しい。しかし、このように条件がそろえば、流れを別の流路にそらすことは可能である。

溶岩流の流路は、コンピュータのシミュレーションにより、かなり正確にモデル化することができる。粘性と地形の効果をパラメータに選び予想するのだが、たとえば三宅島の1983年噴火の溶岩流では、計算モデルと実例がかなりよく一致していた。ちなみにハワイ島のマウナロア火山やキラウエア火山のハザードマップにも、溶岩が流れ込む危険性の高い地域がこの手法を用いて描かれている（三宅島噴火の例は拙著『火山噴火』［岩波新書］にも詳述した）。

爆弾を投下して溶岩流の方向を変える試みは、ハワイのマウナロア火山でも行われてきた。1935年にヒロ市に向けて流れ出した溶岩流に対して、空軍機から大量の爆弾を投下し流路を変えようとしたのだ。その結果、溶岩流のトンネルを破壊することはできたが、期待していた効果はあげられなかった。

爆薬を用いる場合には、溶岩流の流れを直接変えるよりも、火口のそばにできた「火砕丘（かさいきゅう）」を破壊するほうが効果があるという考えもある。火砕丘とは、スコリア（二酸化ケイ素の少ない黒っぽい軽石）や火山灰が降り積もって円錐状の小さな山をつくったものである。

たとえば1942年のマウナロア火山の噴火では、噴出源にあった火砕丘が自然に崩れることによって、幸運にも流れ下る方向が変化した。人為的な方法で溶岩の流れ自体をコントロールしようとしても、直接的な効果は出ないことが多い。むしろエトナ火山の古い例のように、地上で導入路を掘って方向を変えるほうが有効とも考えられている。

富士山での溶岩流防災

富士山でも、溶岩が民家や畑へ流れ込むのを防ぐために、溝を掘って流路を変える方策が考えられている。実際に山梨県では自衛隊が山麓に溝を掘り、溶岩の流れる向きを変えるという防災訓練が行われている。

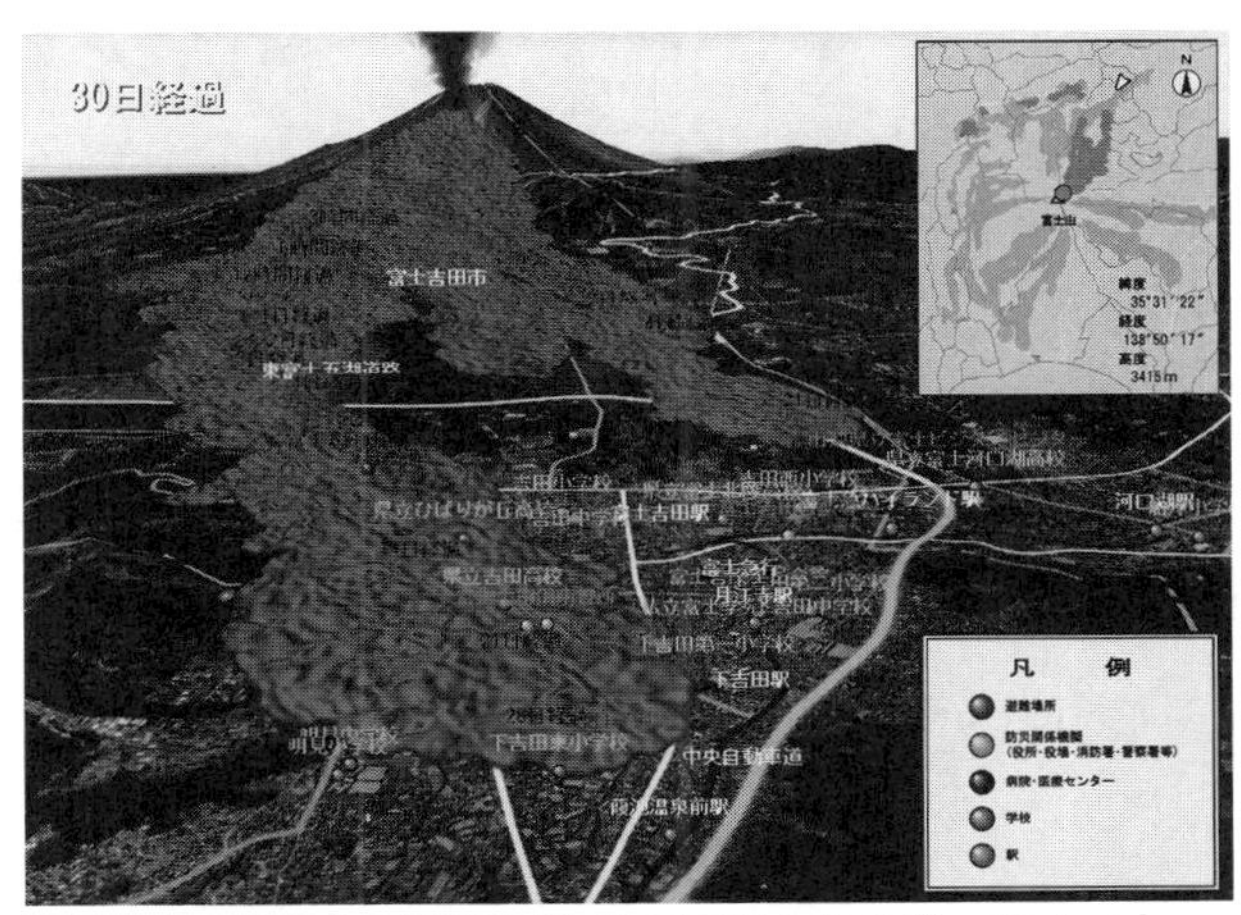

図2－9　富士山の溶岩流を三次元で示したハザードマップ
溶岩が北北東へ流れはじめてから30日後の状態を示す（国土交通省中部地方整備局富士砂防事務所提供）

また、富士山の溶岩流に対しては、三次元のハザードマップも作られている。富士山の山頂火口からの噴火など54のケースを想定し、山頂から半径20キロメートルの範囲で、具体的な被災状況を立体的な動画で示したものである（図2－9）。二次元ではイメージしにくい広範囲にわたる災害を、より実感的に認識できるように工夫されていて、たとえば流れ出した溶岩が最大45日間の時間経過でどの地域まで到達するかを、動画で見ることができる。

富士山の溶岩流に対する防災上の注意点をまとめると、以下のようになる。

★富士山の溶岩は、多くは単独で流れ出し、速度は人が走るくらいなので、状況に応じて段階を踏んだ避難や対応が可能である。

★溶岩は必ず地形に沿って流れ下るので、微地形を確認して流路を予測することは十分に可能である。また、溶岩の流下する範囲と時間もある程度は予測できる。

★流路を変える工事のほか、放水によって溶岩流を固化させてしまう方法もある。たとえば溶岩が南へ下って、駿河湾（するがわん）沿いの市街地などに迫った場合は、海水を放水する作戦が効果的だろう。

★溶岩流の危険性としては、大量の溶岩が湖や海に流下した場合に起こす水蒸気爆発もある。これはマグマの熱で水が一気に蒸発し、体積が1000倍ほどに増えるために起きる爆発である。爆発が激しい場合には、岩石を周囲に飛び散らせるおそれがあるので、警戒が必要である。

★溶岩は流域のすべてのものを埋積して火災を起こすが、被害を及ぼす範囲は溶岩の流れる流域に限定される。

★一般に、溶岩はなかなか冷えないので、溶岩に覆われた範囲の迅速な復旧は困難である。常温まで冷却するには数ヵ月から1年もかかる。

第3章
噴石と火山弾
登山者を突然襲う重爆撃

2000年8月の三宅島噴火で、大量の噴石によって激しく破壊された公衆トイレ。
山頂近くにあった雄山駐車場にて（千葉達朗氏撮影）

噴火が爆発的になると、火山灰のほかに小石や大きな岩が空から降ってくる。噴火の際に火口から放出される、火山灰より大きな岩の塊のことを「噴石」という。

これまでに述べた火山灰や溶岩流と違って、噴石は上空から猛スピードで降ってくるため、人間に直接的で深刻な被害をもたらす火山噴出物である。また、噴石と同様に警戒すべきものに「火山弾」もある。これらは噴火時には突然噴出してくるため、危険を回避するには十分な知識をもって備えておく必要がある。

噴石とは何か

噴石の材料は、それまでに火口を埋めていた溶岩などである。これらが噴火によって砕かれ、さまざまな大きさの岩の塊（岩塊(がんかい)）となって空高く放り上げられる。さらに噴火が穏やかなものから爆発的なものへと変化すると、これらの岩はかなり遠くにまで放出される。

岩塊の直径が数十センチメートル以上になると、空気の抵抗は無視できるほど小さくなる。このような大きな岩塊は、最初に放り出された力のままに、放物線を描いて飛んでいく。これを放物線軌道と呼び、最初に射出される速さ（初速）と、放り出される角度（射出角）が決まれば、どこに落ちるかが予測できる。弾道方程式といわれるもので、高校の物理学で習う知識である。

したがって、大きな噴石は飛んでいく方向が予測できるのだ。また、噴石の大きさと飛んだ距離のデータを集めることにより、過去の噴火における爆発エネルギーを計算することもできる。

噴石の中でも直径約10センチメートル以下の小さな岩は、空気抵抗が大きくなり、風に流されることになる。これらは、噴火の最初に火口から勢いよく立ち昇るガスとともに、上空に巻き上げられる。柱状に立ち昇った噴煙を噴煙柱ということは第1章で述べたが、噴煙柱に含まれている物質が上空へ達すると、風によって横方向へ流される。こうして小さな噴出物は、火口近くに堆積するだけでなく、風下へもどんどん運ばれる。

このように、噴石は大きさによって飛び方と流され方が違うことが大事なポイントである。

噴石は大きさで区分されている。一般には6センチメートルより大きなものは「火山岩塊」と呼ばれる。それ以下のものは「火山礫」という。「礫」とは小石のことである。

ただし火山学上の厳密な定義では、この境界は6センチメートルではなく、64ミリメートルと定められている。64という一見、中途半端な数字である理由は、第1章で述べた火山灰と火山礫の境が2ミリメートルであることにも関係している。噴火現象は小さいものから巨大なものまで幅が広いので、2のn乗という基準で決めてきた。そこで、空気抵抗の影響が少なくなる約10センチメートルに近い64ミリメートルを採用したのである。

火山岩塊の大きさには上限がない。なかには、直径が数十メートルに及ぶものまである。火口の近傍には、しばしば人の身の丈（たけ）を超えるような大きな岩が転がっている。

火山弾とは何か

噴石と同じく、噴火の際に火口から飛び出すものに火山弾がある。まさに、空中を弾丸のように飛んでくることからこう呼ばれる。

噴石と別の名前で呼んで区別するのは、マグマがまだ軟らかい状態であるため、いろいろな形に変形するからである。物理的な挙動は、火山弾も噴石とほぼ同じと考えて差し支えない。

たとえば、ラグビーボールのような紡錘形の火山弾がよく見られる（図3－1）。回転楕円体と呼ばれる形状で、実際にクルクルと回りながら飛んでいく最中に整形されたのだ。この形がもっとも空気抵抗が少ないので、軟らかい状態の火山弾はこの形となることが多い。これを紡錘状火山弾と呼ぶ。ラグビーボールは牛や豚の膀胱を膨らませ皮で包んだものを使ったことに起源をもつが、この形に作られたことによって、よけいな力を失うことなくまっすぐに飛ぶのである。

このほか、リボンのように細くねじれたり、着地してから餅のように潰れるものもある。前者はリボン状火山弾、後者は牛糞状火山弾と呼ばれる。

空中を飛ぶうちに、マグマの表面が冷やされて固まるものもある。中身はまだ高温を保っているのだが、地面に着地してからゆっくりと膨れることがある。この結果、表面だけが割れて、メロンパンのような形となる（図3－2）。このように固結した平面で囲まれる形状をもつ火山弾

図3－1　阿蘇火山博物館の玄関前にある紡錘状火山弾
（鎌田浩毅撮影）

図3－2　北海道の樽前山の火口縁に着地した典型的なパン皮状火山弾（鎌田浩毅撮影）

は、パン皮状火山弾と呼ばれている。

紡錘状火山弾、リボン状火山弾、パン皮状火山弾は、いずれも火口の近くで見つかることが多い。比較的壊れやすいために、それほど飛ばずに着地したものに特徴的な形が残される。

たとえば、伊豆大島の1986年噴火では、火口周辺に身の丈を超える見事な形をした火山弾が落ちていた。伊豆大島や阿蘇山にある火山博物館には美しい形の火山弾が飾られているが、噴火直後に集められたものである。

深刻な噴石の被害

浅間山が大噴火した1783年の天明(てんめい)噴火では、10キロメートルほど南にある軽井沢の宿場に噴石が降った。古文書には「焼石(やけいし)」と書かれており、岩に当たって死者が1人出たとされている。また、家屋が破壊され、噴石のもつ熱によって民家の屋根が焼けたりもしたという。噴石が高温である場合には、しばしば火事を引き起こす。まだ冷えきっていないために、着地した地面を熱で焦がしてしまうこともある(図3-3)。

1986年には鹿児島県の桜島で、噴石が麓の古里(ふるさと)温泉を直撃した。火口から3キロメートルも離れた国道沿いに位置している旅館にまで達した噴石は、玄関ロビーの屋根を大破し、地下室まで貫通した。噴石の大きさは直径2・5メートルもあり、6人の負傷者が出た。

図3－3　2000年の有珠山噴火で飛来した噴石
地面に穴が開き、周囲の草は焦げて変色している（鎌田浩毅撮影）

噴石が落下した地点では、地面に大きな穴が開く。2000年の有珠山の噴火でも、国道230号に多数の噴石が降ってきて、建物や道路が穴だらけになった（図3－4）。同年8月に三宅島の山頂火口から放出された噴石の直径は1メートルもあり、都道に大きな穴を開けた。また、山頂付近の公衆トイレが激しく破壊された（本章扉写真）。

噴石の予測は難しいので、火山の専門家ですら被害に遭ったことがある。南米コロンビアにあるガレラス火山の1993年噴火では、噴石により9人の犠牲者が出た。火口の近傍にいた人たちが、突然始まった小規模な噴火で飛ばされた噴石に当たって死亡したのである。このうち6人は調査中の火山学者であり、噴石被害を防ぐ難しさをあらためて知らしめた。

図3－4　2000年の有珠山噴火で飛来した噴石で壊された家屋（宇井忠英氏撮影）

予知が難しい噴石

噴石は当たれば即死することがあるように、たいへん危険な現象である。噴石が降ってくるなかで被害を食い止めることは非常に困難ともいえよう。

噴石が建物にぶつかるときの衝撃力は、ぶつかる時間を長くしてやれば小さくすることができる。したがって、建物の屋根に土嚢（どのう）を積むなどで衝突の被害を軽減できる。しかし、これでは限定的な効果しか期待できず、根本的な防災にはならない。

噴石被害に遭わない最も有効な方法は、降ってくる可能性のある場所から離れることしかない。経験的に噴石は、火口から4キロメートル程度の範囲に降ることが多い。だが直径1メートルを超えるような大型の噴石は、火口から2キロメートルの範囲内に落下する。たとえば桜島火山の25年間にわたる観測結果では、火口から3～6キロメートルにまで届いた噴石は、いずれも直径数センチメートルだった。

次に、噴石の飛んでくる方向は、上空を吹いている風向きに左右される。風下側では、かなり大きな噴石が飛来してくる。また、小さめの火山礫サイズの噴石（2～64ミリメートル）は、上空の風に乗ってかなり遠くまで運ばれる。たとえば高さ3キロメートルの噴煙柱と一緒に巻き上げられた直径1センチメートルの小石は、毎秒20メートルの風速では7キロメートル先まで飛んでいく。4キロメートル離れた場所には、約3分で到達する。

このように、小さめの噴石の飛び方は風向と風速に左右されるので、地元の気象台が発表する気象情報を知ること、また噴火に気づいたら噴煙の流れ方に注意することが重要である。

噴石の飛んでくる方向は、火口の形にも左右される。火口が開いた、つまり火口をつくっている壁が低い方角には、より大きな、そしてより多くの噴石が飛んでいく。したがって、空中写真で火口の形をくわしく知っておけば、どの方角に噴石が飛びやすいかの予測がつく。しかし、噴火している最中には、火口の地形が刻々変わることが多い。大きな噴火になると、火口の壁が崩れたりするからである。こうした火口の形状の変化にたえず気を配ることは、一般の人には難しいだろう。

噴石や火山弾の被害は、主に噴火が始まった直後に発生する。火口の地下で火山ガスの圧力が高まり、上に蓋(ふた)をしている岩石などを一気に吹き飛ばして穴を開けるからだ。このような爆発的な噴火の立ち上がりを、観測によって予測するのは、現状では困難である。

2004年9月1日の浅間山の噴火では、最初の爆発は何の前ぶれもなく突然始まった。まさに寝耳に水の状態で大量の噴石が飛散し、山麓の建物に被害が出た。これは浅間山にとって21年ぶりの噴火だったが、その最初の爆発を、予知することができなかったのである。

その後の浅間山では、2~3週間おきに同じような噴火が繰り返された。数回の噴火を経過したあとでは、地震の増加、地殻変動、微弱な重力変化などを観測することによって、数時間前に次の噴火を予測できる場合もあった。このように、噴火が安定した状態になれば、噴石の放出をある程度、予知することも可能となりつつある。

1955年以来、噴石を頻繁に放出している桜島火山では、地殻変動の詳細な連続観測が続けられている。この結果、爆発的な噴火が起きる前に、山体のふくらみや特有の地震発生などを検知することが可能となった。しかし、1986年のように、通常の規模を大幅に上まわる噴石が例外的に飛ぶこともある。

噴石放出の予知は、まだ研究途上にある。いまの段階で知っておくべきことは、噴火が始まったら、真っ先に降ってくる可能性が高いのは噴石である、ということである。また、たとえ小規模な噴火であっても、火口の周辺には無数の噴石が落下することも覚えておいていただきたい。

噴石を降らせる三つの噴火タイプ

もし富士山が噴火して、噴石が飛んでくる場合には、異なる三つの状況が考えられる。それは、噴火のタイプによって決まってくる。火山の噴火にはさまざまな現象があるが、多様なそれらに共通点を見出し、代表的な事例の火山名や目撃者名をつけていくつかのタイプに分類されている。噴石に関係する噴火タイプとしては、ブルカノ式噴火、ストロンボリ式噴火、プリニー式噴火に分類される。

①ブルカノ式噴火

浅間山や桜島と同じように、比較的小規模の噴火によって噴石が飛ぶ噴火タイプ

②ストロンボリ式噴火

山頂の北西と南東にある側火口からマグマのしぶきを断続的に噴き出すタイプ

③プリニー式噴火

もっと大規模の噴火にともなって噴石が広域に降り積もるタイプ

では、それぞれの噴火タイプについて、くわしくみていこう。

なお、「一つの火山には一つの噴火タイプだけ」という先入観を持たれるかもしれないが、そうではないことを先に述べておきたい。富士山では三つのタイプが起こりうるのである。

ブルカノ式噴火とは

ブルカノ式噴火とは、火口から噴石や火山弾や火山灰を勢いよく噴出するタイプの噴火である。突然、火口から岩石が飛び出すので、危険性の高い噴火といえる。爆発にともなって空振（空気の振動）が発生し、山に面した窓ガラスが割れることもある。

その名の由来は、イタリアのブルカノ島にある安山岩質の火山にみられた噴火にちなんでいる。「ブルカノ」（Vulcano）という語は英語の「火山」（volcano）と同じ語源をもつ。

さて、ブルカノ式噴火で放出される噴石には、角ばったものが多い。そして火口の中に溶けたマグマが存在しているときには、火山弾が飛散する。まだ完全には固結していないので、パン皮状火山弾や牛糞状火山弾などができる。

ブルカノ式噴火が起きると、火口から4～5キロメートルの範囲では、噴石や火山弾などの大きめの岩の塊が数多く降ってくる。落下地点には大きな穴（クレーター）が生じることが多い。岩石は基本的には火口のまわりに放物線を描いてまんべんなく落下するが、風が強い場合は、風下側に寄って着地する。ときには火口から5キロメートルの範囲を超えて降ってくることもあるので、十分な注意が必要である。

ブルカノ式噴火の原動力は、マグマに溶けているガスである。溶岩などによってふさがれた火口の下にあるガスの圧力が高まって、爆発が突如として始まるのだ。

　また、噴石の放出とともに、火山灰を含んだ灰黒色の噴煙が空高く上がる。ブルカノ式噴火で放出される火山灰を顕微鏡で拡大してみると、岩石を細かく砕いた破片状の形が見える。第1章では、火山灰は軽石などの発泡したマグマが砕かれたものと述べたが、ブルカノ式噴火では、以前からあった火道を埋めていた古い溶岩の破片も火山灰に含まれるのだ。これに加えて、噴火の始まる直前には、火道のすきまを新しいマグマが充填するという現象がしばしば起きるため、火口直下の火道まで上昇して冷え固まったマグマが、新たに砕かれて飛ばされる。

　また、この噴火の火山灰の中には、赤くなった溶岩の微細な破片などが多く含まれる。これらは、火山灰がまだ高温のうちに火口で空気に触れて酸化したため、赤く変わったのである。鉱物でいうと、黒い磁鉄鉱が赤い赤鉄鉱に変化したことになる。

　さらに、量は少ないが、火道を上がってくる途中で軽石状に発泡しはじめたマグマが爆発の力で粉々になったものが火山灰として放出されることもある。このようにブルカノ式噴火の火山灰には、さまざまな成因のものが混在しており、すべてが一緒になって火口から放出される。火山灰が上空に達すると、風下側へ何十キロメートルも飛んでいく。

　一般に、ブルカノ式噴火は連続的には起きず、噴石や火山灰を放出したらしばらく休み、数分から数時間の間をおいて爆発を繰り返すことが多い。何日も休んでから噴火を再開することも、まれではない。噴出物がどのくらい火口に蓋をしたか、下にどのくらいの圧力のガスがたまっているかによって、次の噴火までの休止期間が決まると考えられる。噴火が大規模になると、マグマが火口からあふれ出て溶岩を流すこともある。

日本ではブルカノ式噴火はかなり頻繁に起きる。日本に最も多い安山岩マグマの粘性が、爆発を起こしやすいからである。粘性の小さな玄武岩のマグマでは、火口の下にあるガスが容易に抜けてしまい、爆発には至らない。反対に、粘性が大きい流紋岩のマグマでは、それに打ち勝ってまでガスが爆発を起こすことは少ない。

一般にマグマの粘性は、マグマが引きちぎられることに抵抗して、爆発を抑える方向に働く。粘性に打ち勝って爆発が起きたときには、ため込んだエネルギーが一気に解放される。だからブルカノ式噴火には、玄武岩と流紋岩のあいだにある安山岩の粘性が合っているというわけである。安山岩からなる浅間山や桜島では、代表的なブルカノ式噴火がよく起きる。とくに、噴火の最初に火口ができるとき、ブルカノ式噴火から始まる可能性が高い。

ストロンボリ式噴火とは

高温のマグマが噴水のように空高く上がり、弧を描いて火口の近くに落ちる噴火タイプをストロンボリ式噴火という。

ストロンボリ式噴火は、粘性の小さい玄武岩のマグマ噴火によって起こる。その名は、イタリアのストロンボリ火山の噴火にちなむ。この火山には頂上に三つの火口があり、10分ほどの間隔で小規模の噴火が絶えず起きている。何千年ものあいだ、こうした噴火が続いていて、いまも夜には花火のような美しい光景が見られる。マグマはほぼ連続的に出ているのだが、ときどき火口の壁を越えて噴き上がる高いしぶきが、遠くから見ると灯台のように点滅して見える。このことから、ローマ時代から親しみを込めて「地中海の灯台」と呼ばれてきた。

このように短い間隔でマグマのしぶきや固まりかけたマグマが高く上がり、そののちバラバラと放物線を描いてゆっくりと落ちる現象は、溶岩噴泉とも呼ばれる。マグマのしぶきを連続的に、あるいは間欠的に放出しながら、泉のように噴き上げるからである。

規模が大きな噴泉が起こると、マグマは火口底を飛び出して、上空数百メートルまで上がる。まれに火山弾が、火口から1キロメートルも飛ぶことがある。

溶岩噴泉のあとには、溶岩が流れ出すこともある。この溶岩は粘性が小さいので、かなり流れは速く、麓まで到達する。しかし、爆発的な噴火ではないので、ほかの噴火タイプよりも比較的安全に進行する。前述したブルカノ式噴火のように、噴石や火山灰によって周囲に被害を及ぼすということはあまりない。

また、ストロンボリ式噴火はしばしば火砕丘を形成する。火砕丘とは第2章でも述べたよう

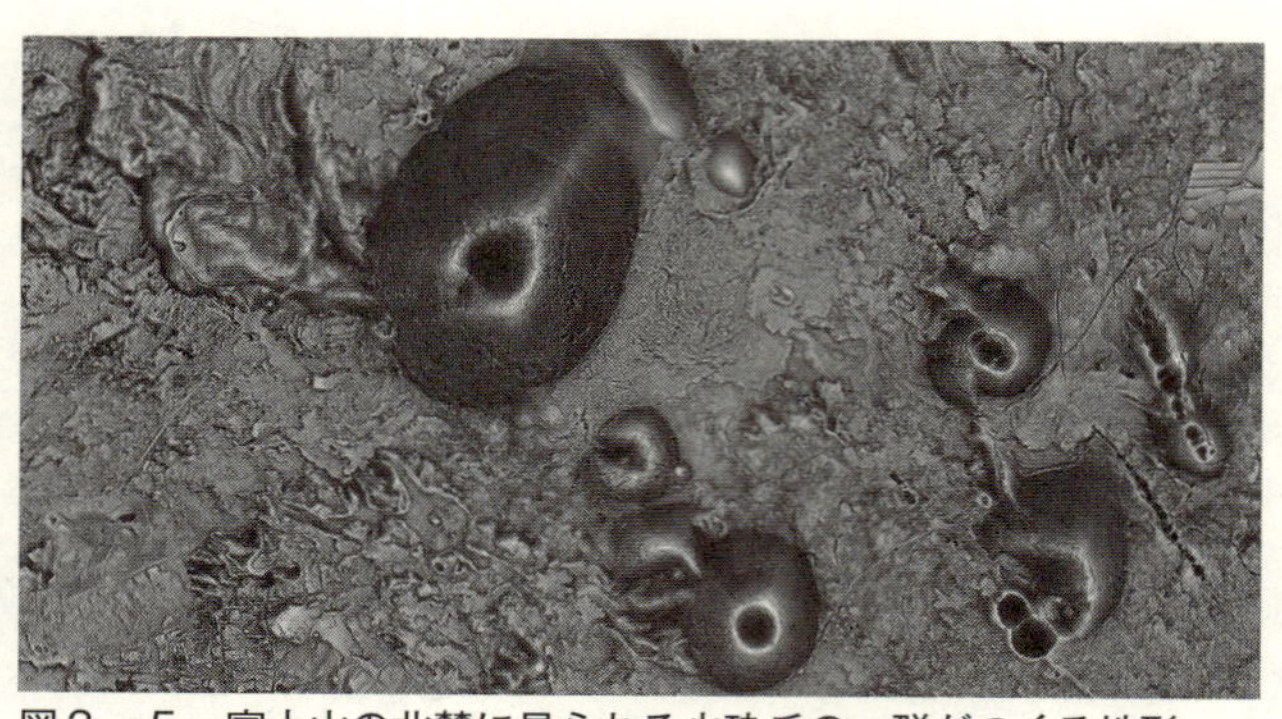

図3－5　富士山の北麓に見られる火砕丘の一群がつくる地形
割れ目からの噴火にともない、たくさんの火砕丘が生じた。航空レーザー測量のデータを強調処理した図（千葉達朗編『活火山・活断層赤色立体地図でみる日本の凹凸』技術評論社より）

に、スコリア（黒っぽい軽石）や火山灰が降り積もって小さな山をつくったものである。富士山の山麓には火砕丘が点在するが、その大部分はストロンボリ式噴火によってできたものである（図3－5）。火砕丘が形成されるのは、側火口の下にある板状の火道が地表に達し、割れ目からマグマが地上に噴出した場所である（第2章の図2－6A参照）。

マグマの噴出量が増えると、火口のまわりにできた火砕丘を壊して溶岩が流れ出ることもある。富士山では麓に何万人もの住民をかかえる居住地と牧畜・農耕地があるので、溶岩が流出した場合にはかなりの経済的な被害が予想される。

プリニー式噴火とは

プリニー式噴火とは、噴煙が何万メートルも高く上がる大規模な噴火である。噴煙とともに空高く巻き上げられた軽石や火山灰は、いずれ地上に降りそそぐ。噴煙柱の風下側で大量の降下火砕物を堆積させるのが、このタイプの特徴である。

プリニーという名前は、ローマ時代の科学者プリニウスに由来する。彼は西暦79年にイタリア・ベスビオ火山で起きた大噴火に遭遇したのだが、その顚末(てんまつ)を彼の甥(おい)に当たるプリニウスが詳細な記録に残した。後世、前者は大プリニウス、後者は小プリニウスと呼ばれており、その英語読みが「プリニー」なのである。この噴火の経緯については拙著『世界がわかる理系の名著』(文春新書)にくわしく述べたので参照していただきたい。

プリニー式噴火では、噴煙柱はキノコ形の雲をつくりながら短時間で上昇する。その結果、上空約10キロメートルで対流圏を突き抜けて、その上部にある成層圏に達することもある。成層圏に入った火山灰は、日本の上空では強い偏西風によって東へ流され、何百キロメートルも遠方に降灰する。非常に細かい火山灰の場合は、地球を周回することもある。

大規模なプリニー式噴火が起きると、火山灰に伴う硫酸の微粒子に特定の波長の光が吸収され、夕焼けの空がふだんよりも赤くなるという現象が見られる。１９９１年にピナトゥボ火山が起こしたプリニー式噴火の後では、数ヵ月間、このような赤い夕焼けが観測された。

大規模なプリニー式噴火は、しばしば火砕流(かさいりゅう)の発生を伴う。火砕流とは、マグマがときに摂氏９００度を超す高温、時速１００キロメートル以上の高速で流れ下る、きわめて危険な現象である（第4章参照）。噴煙柱の内部に巻き上げられた軽石や火山灰が冷えることなく落下した場合に、巨大な雲の一団となって地上を這って流れるのだ。

大量のマグマが噴出して大規模な火砕流が流れ出した場合には、火口に巨大な穴が開くことがある。こうしてできた陥没地形をカルデラ（caldera）という。マグマが一気に地下から地表に出た結果、マグマの占めていた体積の分だけ陥没して、大きな穴が開くのである。穴の直径は小さなものでも2キロメートルを超え、大きなものでは20キロメートル以上にも達する。

プリニー式噴火が終わると、残りのマグマが火口やカルデラからゆっくりと出てくることがある。このマグマはガスがすでに抜けているため、火口周辺でドーム状に固まり、溶岩ドームをつくることが多い。１９８０年のセントヘレンズ火山や１９９１年のピナトゥボ火山で起きたプリニー式噴火のあとには、火口の中に溶岩ドームが形成された。

富士山最大規模の噴火とされる１７０７年の宝永噴火は、プリニー式噴火の一例である。日本では阿蘇山や北海道の支笏湖など、大規模なプリニー式噴火から始まってカルデラを形成したものが多い。

富士山の噴石はどこまで飛ぶか

富士山が噴石を噴出する場合にとくに注意しておくべき噴火タイプは、プリニー式噴火とストロンボリ式噴火の二つである。

宝永噴火に代表されるようなプリニー式噴火の場合には、噴石の到達距離の上限は4キロメートルとされている。たとえば宝永火口から4キロメートルの距離にある太郎坊には、落ちてきた噴石が地面にめり込んでいるところがある。このような経験値から、富士山でプリニー式噴火が起きた場合の噴石の最大到達距離は、4キロメートルとされた。これ以上離れておけば、プリニー式噴火でも、噴石に十分対応できるというわけである。

次に、ストロンボリ式噴火が起きた場合の噴石の到達距離は、経験的に、ブルカノ式噴火で飛ぶ噴石の平均的な到達距離と同じくらい、もしくはそれよりも短いと判断された。たとえば、近年の桜島火山では、ブルカノ式噴火を起こしたときの噴石は山頂火口から2キロメートルくらいまで飛んでいる。これを参考にして、ストロンボリ式噴火が起きた場合も噴石の到達距離は最大2キロメートルとされた。富士山では、これらの二つのケースに分けて、噴石の到達距離の上限を考えておけばよい。

なお、粒径の小さな火山礫が出た場合には、風のないときには右の数字よりも到達距離が短くなる。その反対に、風が強く吹いている場合には、風下側ではかなり遠方まで運ばれることにも、注意していただきたい。

噴石のハザードマップ

過去３２００年間の富士山の噴火をもとに、噴石のハザードマップが描かれている。そこではやはり、プリニー式噴火とストロンボリ式噴火が想定されている。

プリニー式噴火によって噴石が到達する可能性の範囲は、過去に大規模な噴火を起こした火口分布をもとに、それぞれの火口から4キロメートルの範囲が囲われている。これは第2章で述べた「想定火口範囲」（第2章の図2－7参照）の大規模噴火火口分布領域に相当する。

ストロンボリ式噴火によって噴石が到達する可能性のある範囲は、過去に大規模、中規模、小規模の噴火を起こした火口の分布をもとに、それぞれの火口から2キロメートルの範囲を囲っている。

ここで注意すべきは、噴火の規模によって火口分布は少しずつずれていることである。つまり、富士山のような大型の成層火山には、山頂火口とともに数多くの側火口があるため、大規模、中規模、小規模の火口位置がそれぞれ異なってくるのである。

具体的には、大規模な噴火を起こす火口は、山頂とともに北西側に伸びている。これに対して、中規模と小規模の噴火を起こす火口は、東や南の方向へやや拡大している。さらに小規模な噴火口は、中規模な噴火口よりも外側へ少し伸びており、加えて南側にも張り出している。これらすべての火口予測範囲から、さらに2キロメートル外側に囲ったものが、ストロンボリ式噴火による噴石の到達可能性範囲となる。

なお、つけ加えておくが、こうして予測されたすべての火口が一度に開いて、範囲内全域に噴石が飛び散るわけではない。どこの場所で火口が開いたかによって、噴石の到達範囲が連動して変わるのである。

最終的に、大規模なプリニー式噴火による4キロメートル範囲と、中規模と小規模のストロンボリ式噴火の2キロメートル範囲を合わせて、いちばん外側に線を描いたものが、「噴石の可能性マップ」である（図3－6）。

なお、第1章で紹介した「全体のハザードマップ」では、「火口から噴出した石がたくさん落ちてくる範囲」が紫色の太い点線で描かれている（第1章の図1－5参照）。これは噴石が到達する可能性のある最も遠い範囲を示したものである。

ただし、噴石が風に運ばれた場合には、ここに図示された範囲を超えて落下する可能性がある。このため図には、「この範囲外にも、まれに、10センチメートル未満の小石などが飛ばされることもあります」と注意書きが添えられている。これもまた、たいへん重要な情報である。

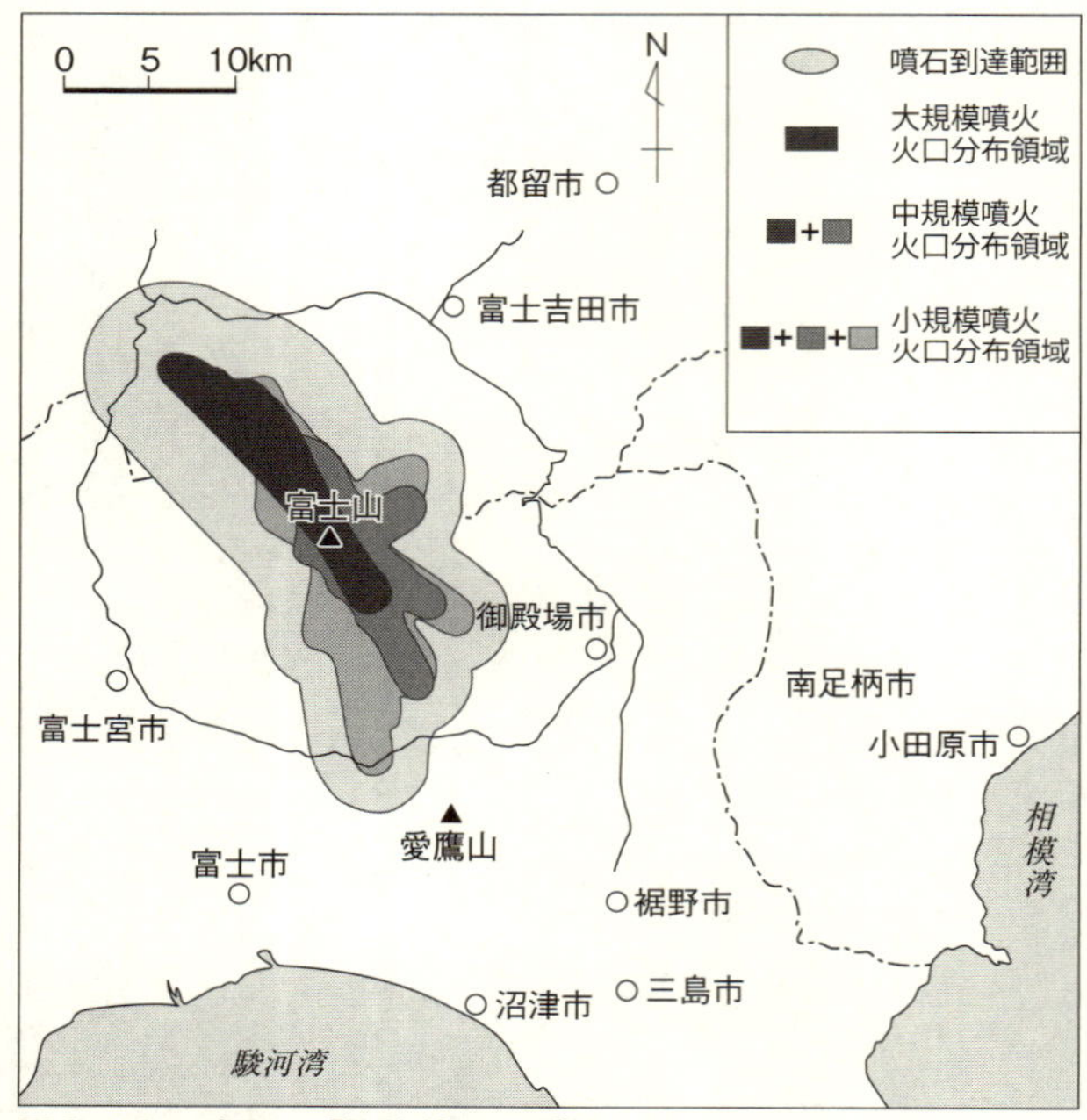

図3－6　噴石の「可能性マップ」
プリニー式噴火の場合の大規模噴火と、ストロンボリ式噴火の場合の大規模、中規模、小規模噴火の噴石到達可能性範囲を合体させたもの

噴石の被害を防ぐには

噴石は飛ぶ速度が速いため、直接当たればケガをし、さらに死亡する可能性も十分にある。そして噴石は多くの場合に屋根や壁を貫通し、建造物を破壊する。また、火山弾など高温の物質が降ってくる場合には、火傷（やけど）をしたり火災を引き起こすこともある。

2014年9月に起きた御嶽山の噴火では、火口周辺にいた60名近い登山客が犠牲となったが、多くの命を奪ったのは突然降り出した噴石だった。噴火の規模が小さい割に多大の人的被害がもたらされたことに、火山関係者は大きなショックを受けた。火口から雨のように降り注いだ噴石の速度は、火口から1キロメートル離れた場所でも秒速100メートルを超えるというすさまじさだった。そのため噴石に直接当たらなくとも、地面にぶつかって砕けた破片が当たるだけでも致命傷となった（御嶽山噴火については拙著『火山はすごい』［PHP文庫］に詳述した）。

噴石が降り出すと、道路にも大きな穴を開けるなどの障害が出る。噴石が降っている地域への救助を行うためには、岩石が当たっても操縦可能な装甲車などの特殊車両が必要である。噴石が降り始めたら避難路を確保するのが困難になることも考えておく必要がある。また、噴石が飛来しているあいだは、空からの救助は不可能である。

噴石が降ってくる時間は、一般的には短いと考えてよい。噴火と同時に噴石の放出が始まり、数十分以下の短時間で終わることも多い。だが一方で、噴石の放出はしばしば断続的に起こるため、しばらく小康状態を保ったあとに、突然再開することがある。火山活動が下り坂になったと判断して行動すると、噴石の被害に遭うことも起こりうる。

噴石の飛来範囲は火山噴出物の中では比較的狭いが、ハザードマップで示された範囲内にある地域では、噴石の放出が始まったら迅速に避難する必要がある。具体的には旧・上九一色村や鳴沢村がこれにあてはまる。

突然降ってきた噴石を避けるためには、シェルターが役に立つこともある。阿蘇山の中岳火口周辺、浅間山の鬼押し出し溶岩分布域、伊豆大島の三原山などには、観光客が逃げ込むためのシェルターが設置されている。火口と反対側に出入り口を開けて、火口から直接飛んできた噴石から緊急避難するのである（図3－7）。

現実には噴石を防ぐ効果的な方法は、真っ先に逃げること以外にない。噴火の初期に噴石の災害が起こりうることは、ぜひ覚えておいていただきたい。そして噴石に気づいたら、決してあわてずにシェルターなど堅固な建物の中に避難しよう。

屋外では、鞄でも何でも手持ちのものを乗せてただちに頭を保護する。鍋をかぶってもよい。車は、可能であればカバーやレジャーシートで覆う。

山の中や火口の近くで遭遇した場合は、噴石の弾道を避けることはそう難しくない。というの

図3－7　阿蘇中岳山頂付近に設置された噴石対策シェルター
（鎌田浩毅撮影）

は、火口付近で上から落ちてくる噴石は一般に速度が遅いため、自分をめがけて飛んでくる噴石を目で追うこともまったく不可能ではないのである。

逆に、火口から2キロメートルを超えるところまで飛来してくる噴石は速度が速いので、目で追いながら避けることはまず不可能である。ただし、このような遠方まで飛んでくる噴石には大型のものはそう多くはない。

噴石が火口を飛び出してから地面に落ちてくるまでの時間も、重要な要素である。たとえば、3キロメートルの距離まで飛んでくる大型の噴石（火山岩塊のサイズ）は、着地するまで30秒ほどかかる。これより小さな火山礫では3分程度の余裕がある。

いずれにせよ、噴石に追いかけられる前に逃げることが、噴石から身を守る鉄則なのである。

噴石は、その固有の特徴に注意すれば、被害を防ぐことは十分に可能である。ただし、噴火の最初期に単独で発生することがある点には注意していただきたい。

富士山が世界文化遺産に指定されて以来、世界中から観光客が訪れている。夏山シーズンに吉田口登山道から頂上をめざす登山者は、毎日8000人近くにもなる。だが、観光客は登山道に不案内な場合が多く、かつ一般の住民と比べて火口に近い場所にいるため、いったん噴火が起きると災害弱者になる。

とくに富士山のように広大な山麓に散らばる観光客や登山者に噴火情報を伝えることは非常にむずかしい。火山活動が活発化したら、すみやかに緊急速報メールを流すほか、山小屋や観光施設と連携して早期に下山を呼びかける必要がある。

自然災害は何でもそうなのだが、不意打ちを食らった場合に被害が最も大きくなる。噴石という現象はその代表的な例である。

第4章
火砕流と火砕サージ
山麓を焼き尽くす高速の熱雲

1991年6月3日の雲仙普賢岳噴火で発生した火砕流（読売新聞社提供）

火山が爆発的な噴火を起こしたときに、しばしば「火砕流」が発生する。火砕流とは、マグマの破片やガス、石片などさまざまな物質が一団となって流れる現象であり、ドロドロと流れる溶岩流とは違い、モクモクと、煙のような見かけをしている。だが、実際は決して見た目のように悠長(ゆうちょう)なものではない。火口から噴き出した火砕流は、あたかも原子爆弾のキノコ雲が地表を横に這(は)っていくように、猛烈なスピードで移動する。その速さは時速100キロメートルを上回る。

そして、火砕流の温度は一般に、摂氏500度を超す。そのため、夜間に遠くから見ると赤く光りながら流れ落ちるのがわかる。これは雲仙普賢岳(ふげんだけ)で1991年から約4年間にわたり発生した火砕流でも観察された。

すなわち火砕流は、高速で高温のきわめて危険な流れであり、通過した地域をすべて焼失し壊滅させてしまうのである。当然、富士山噴火の際にも甚大な被害が予想されるこの現象について検討していこう。

火砕流の最初の記録

火砕流はさまざまな地形を乗り越えて、ときに何十キロメートルも離れた場所まで流れ下る。火砕流が凹凸のある地面を通過するときには、周囲の空気が火砕流の中に取り込まれて体積を膨張させる。火砕流の中に含まれるマグマ起源のガスも、体積の増加に寄与している。

また、火砕流は上空に向かってフワフワと舞いあがることはなく、固体と気体とが拡散せずに一団となって地を這うように流れる。火砕流の流動性が高い理由は、細かい火山灰と大量の気体を含んでいることにある。このように固体と気体とが攪拌（かくはん）しながら流れる状態を、粉体流（ふんたいりゅう）という。火山灰とガスが激しくかき混ぜられることによって、大きな岩石まで運びながら火砕流は高速で流れるのである。

20世紀の初頭に、小規模な火砕流が初めて学術的に記述された。1902年、フランスの地質学者アルフレッド・ラクロワとフランク・ペレが、カリブ海に浮かぶマルティニーク島のプレー火山で発生した火砕流を調査したのである。

この火砕流は、サンピエールに住む2万9000人の住民を吹き飛ばし、死に至らしめたが、彼らの綿密な調査により、この噴火は火砕流現象のモデルとなった。

このとき、火砕流が通過したあとの市街地を写した珍しい写真が残っている（図4－1）。背後の山から流れ下りた火砕流がどのような結果をもたらしたかが、この写真から克明に読みとれる。流れに対して平行な方向の壁だけが残り、一方で流れがぶつかる方向の壁はすべてなぎ倒されたのである。この惨事においては、地下の牢屋に閉じこめられていた囚人ほか2名だけが、火砕流の熱を免（まぬが）れて生き残ったとされている。

図4－1　プレー火山の火砕流が襲ったあとの市街
流れに平行な方向の壁のみが残った（ラクロワ氏撮影、林信太郎氏提供）

火砕流のタイプとその起源

では、富士山が噴火したら、はたしてどのような火砕流が発生するのだろうか。

考えられる火砕流のタイプは、大きく三つに分けられる。（A）溶岩ドームが崩れて発生するタイプ、（B）高く上昇した噴煙柱が崩壊して発生するタイプ、（C）マグマが急斜面に落下した直後に走り出すタイプ、である（図4－2）。

（A）のタイプは、溶岩ドームの大きなブロックが砕けながら、急勾配の斜面を転げ落ちることによって発生する火砕流である。インドネシアのメラピ火山が、成長中の溶岩ドームからよくこのタイプ

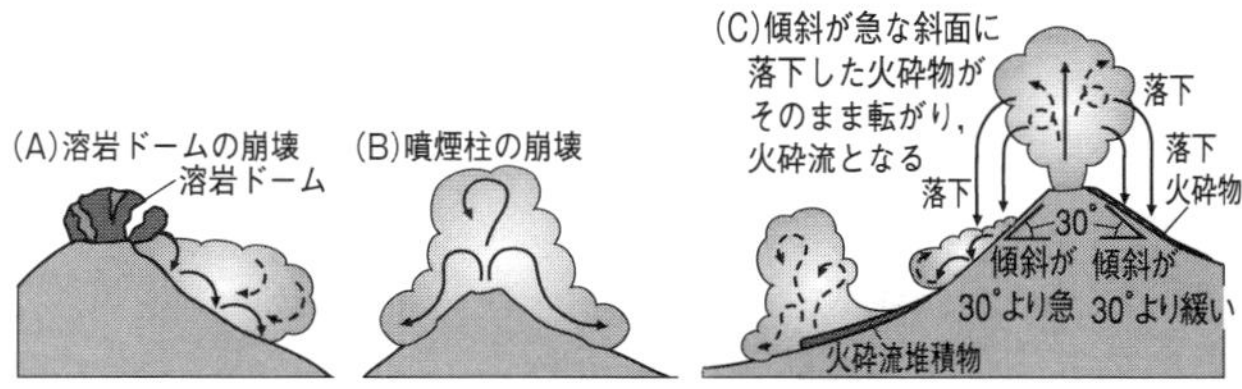

図４－２　富士山で起きる可能性がある３つのタイプの火砕流

の火砕流を起こすことから、火山学では「メラピ型火砕流」と呼ばれている。１９９１～１９９５年に雲仙普賢岳で発生したものもこれに属する。

溶岩ドームとは、比較的粘り気の強いマグマが地表に噴出したときにできるドーム状の高まりである。その下からマグマがせり出してくると、溶岩ドームは次第に大きく成長するのだが、大きくなりすぎると、まだ熱い溶岩の塊が端から崩れ落ちることがある。この塊がバラバラにはじけることにより、細かくて熱い火山灰が大量に生まれ、小規模の火砕流が発生する。このとき、火砕流の中に含まれる高温の岩片が、夜間に赤く光って見える。

（Ｂ）のタイプの火砕流は、開いた火口から火砕流が一気に流れ出るもので、「スフリエール型火砕流」と呼ばれている。ときには火口からいったん上空に噴煙柱が立ち昇ってから、崩落して火砕流となることもある。

たとえば、大型のビルが解体される現場で、ビルが爆破された直後に瓦礫（がれき）の細かいかけらが崩れ落ち、砂煙が水平方向に広がる様子と似ている。スフリエール型の火砕流は、メラピ型と比べると、より広範囲にわたって流れ下る点が特徴的である。

（C）のタイプは、山頂から噴き出した高温のマグマが、傾斜角30度を超すような斜面に落下したときに発生する。マグマは斜面にへばりつくことができずに、下へと転がりだす。ここで破砕が急速に進んで、粉体流が発生する。その結果、高温の火砕流となり、一気に流れ下るのである。

これら三つのタイプの火砕流は、いずれも大変に危険であり、いつ発生するかはほとんど予測不可能である。

たとえば、雲仙普賢岳の一連の噴火では、なんの前触れもなしに溶岩ドームが崩落して（A）のメラピ型のやや大きな火砕流が発生し、3人の火山学者をふくむ43人の犠牲者を出す惨事となった。噴火の現場には、溶岩ドームから発生した火砕流を近くから見たり撮影しようとした人たちが集まっていたのだ（本章扉写真を参照）。

火砕流という現象は、人間の感覚からかけ離れている。たいへん残念なことに、当時の火山学者たちはまだ、火砕流の恐ろしさをリアルに伝えることができなかったのである（雲仙普賢岳の火砕流災害に関しては拙著『火山はすごい』（ＰＨＰ文庫）に詳述した）。

これまで富士山では（A）と（B）のタイプの火砕流は起きていない。その代わりに、マグマが急斜面に落下した直後に走り出す（C）のタイプの火砕流が確認されている。

VEI		1回の噴出量	噴煙高度	成層圏の影響	噴火例
0	非爆発的噴火	10万m^3	0.1km未満	なし	
1	小噴火	100万m^3	0.1-1km	なし	
2	中噴火	1000万m^3	1-5km	なし	
3	中・大噴火	1億m^3	3-15km	可能性あり	
4	大噴火	10億m^3 ＝1km^3	10-25km	明瞭	
5	巨大噴火	10km^3	25km超	深刻	セントヘレンズ1980年
6	↑	100km^3		↓	ピナトゥボ1991年
7	カルデラ形成	1000km^3		↓	タンボラ1815年
8	↓			↓	

図４－３　爆発の大きさを示す火山爆発指数（VEI）
VEIは0から8までの数値で表す

火砕流の規模と火山爆発指数

ここで、火砕流を噴出するような噴火の規模について見てみよう。

火山の噴火には、爆発の強さを表す指標がある。「火山爆発指数」（ＶＥＩ）と呼ばれるもので、一回の爆発でどのくらいの量のマグマが放出されたかを示す。ちょうど地震のマグニチュードと同じように、数の何乗かを示す指数として0から8までの数値で表現されている（図４－３）。これに応じて、異なった見かけの噴火現象が起きるのだ。

同様に火砕流についても、小規模な火砕流と大規模な火砕流とがある。大規模な火砕流は膨大な体積をもち、分布域は数千平方キロメートルにも及ぶ。このような火砕流が噴出すると、地下のマグマだまりはほぼ空っぽになり、地上の噴出口には直径10キロメートルを超えるような巨大な陥没地形、すなわちカルデラができる。ただ実際には、地下のマグマだまりの大きさは正確にはわからないので、空っぽになると言い切るのは科学的ではない。噴火によってマグマだまりの中の圧力が急に下がった結果、マグマだまりの天井を支えることができなくなって潰れる、というのが正しいだろう。

カルデラは体積にして10立方キロメートル以上のマグマを噴出した場合にできる。カルデラが残されるような大規模な火砕流をともなう噴火は、巨大噴火と呼ばれている。非常に破壊力が強いだけでなく、地球規模の災害をもたらすこともあるのだが、実は日本列島には、カルデラは至るところにあるのだ。

このような大規模の火砕流が噴出すると、地表には溶結凝灰岩と呼ばれる硬い岩石が生じる。火砕流に含まれていた高温の火山灰や軽石が、再び溶けて固結したものである。大規模な火砕流は、しばしば広大な溶結凝灰岩でできた台地をつくってきた。なお、小規模の火砕流でも、高温のマグマが噴出した場合には溶結凝灰岩ができることがある。

地質学的なタイムスケールで見れば、大規模火砕流は火山地域に普通に見られる現象である。また、大規模火砕流はまれにしか起こらないが、ごく小規模な火砕流は、世界的には毎年のように起きている。

図4－4　1991年に雲仙普賢岳から噴出した火砕流と火砕サージ
右から左へ流れ下る火砕流の先端で、火砕サージがスカートのように薄く広がっている（宇井忠英氏撮影）

火砕流に似た火砕サージ

火砕流と同じように火山灰や軽石を内部に含む高温・高速の流れとして、「火砕サージ」というものがある。

火砕サージの堆積物は、火砕流に比べるとずっと薄い（図4－4）。一般に、火砕サージが通過したあとの地面を覆う堆積物の厚さは、数センチメートル程度にすぎない。火砕流に比べると流れ出す物質の量が少ないために希薄な流れとなると考えられており、「火砕流よりも流れる最中の密度が小さい」のが火砕サージと考えてよい。

いわば、高温の砂嵐のような現象である。

しかし火砕サージは、流域にある建物を倒し焼き尽くすほどの破壊力をもつ。火砕サー

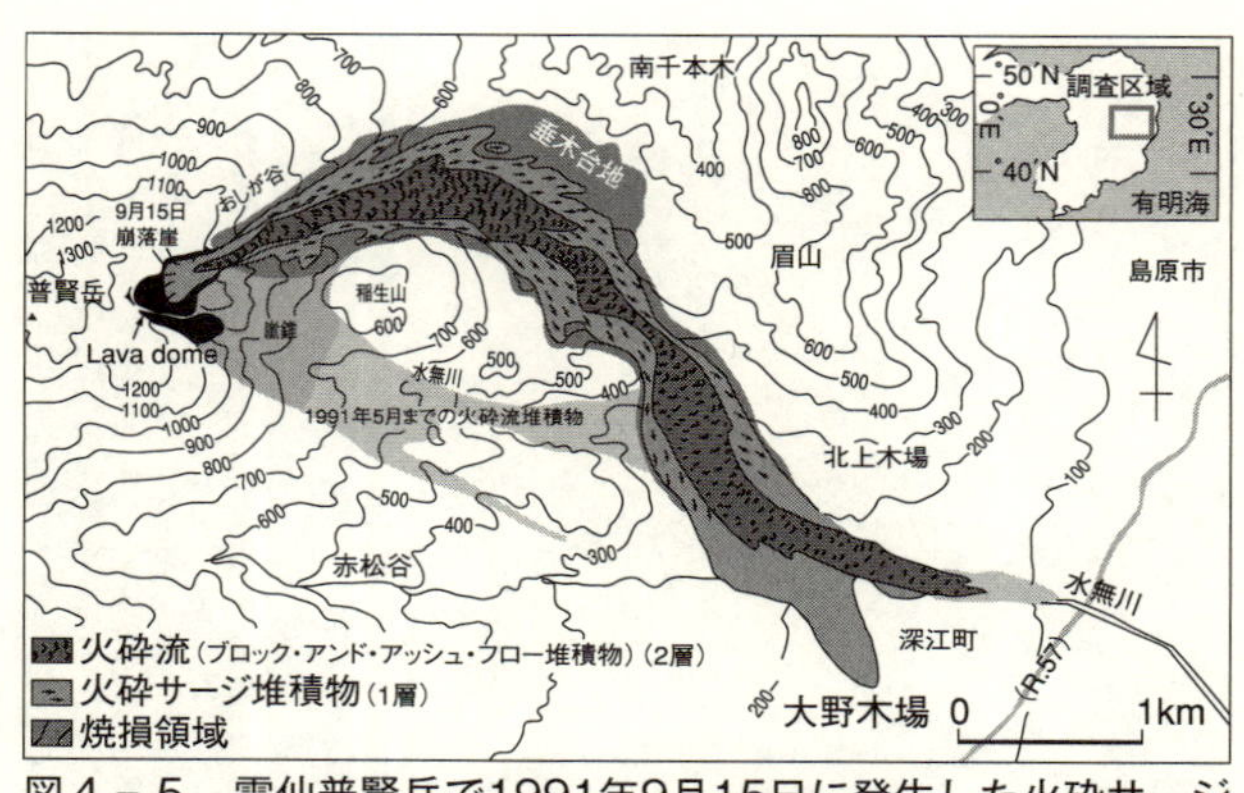

図４－５　雲仙普賢岳で1991年9月15日に発生した火砕サージの進路　藤井敏嗣氏と中田節也氏による（鍵山恒臣編『マグマダイナミクスと火山噴火』朝倉書店より）

ジが火山体の斜面に沿って流れる場合は、噴出口から5キロメートルを超える距離まで流れ下る。

火砕サージを火砕流とはまったく別のものと考える必要はない。富士山のハザードマップでは火砕流と火砕サージを一緒に取り扱い、火砕流のうち流れの物理的特徴が異なるものとして対処されている。

火砕サージが人々の暮らす間近で観測されたことがある。１９９１年9月15日、雲仙普賢岳で発生した火砕流にともなって火砕サージが発生し、南東にある大野木場地区のほうへ流れた。火砕流の本体から密度の軽い部分が分離して、火砕サージとなって直進したのである（図４－５）。

これによって大野木場小学校が焼失したが、幸い生徒と付近の住民はすでに避難していたので一人の犠牲者も出なかった。

このときに残されていた火砕サージ堆積物も、厚さはわずか5センチメートルほどと、きわめて薄いものでしかなかった。にもかかわらず、温度は摂氏400度を超す高温で、木やプラスチックでできたものはすべて焼け焦げていた。

雲仙普賢岳の火砕流にともなって発生した火砕サージは、火砕流の先端や側方にできる高温で激しい横なぐり状態の部分と考えられている（図4－4の「スカート」の部分を参照）。

富士山が噴出した火砕流と火砕サージ

富士山は、過去に火砕流と火砕サージを何回も発生させている。だが、実は研究者のあいだでは、富士山のような主に玄武岩の溶岩を噴出する火山は火砕流を噴出することがない、と思われてきた。

たしかに火砕流は、流紋岩から安山岩までの化学組成をもつ粘り気の大きいマグマの噴火でよく見られる現象である。しかし近年、富士山麓で詳細な地質調査が行われた結果、富士山の斜面にいくつもの火砕流堆積物が見つかった。1万年という時間の尺度では、富士山は過去に、何回も火砕流を噴出していたのである。

富士山の北斜面の滝沢では、1700～1500年ほど前の火砕流堆積物が見つかった。これを滝沢火砕流という。厚さ5メートルを超すような堆積物の中には、まっ黒に焼け焦げた木片が入っていた。また、高温であったことを示す赤色の酸化現象が、堆積物の上部に認められた。これらの堆積物は、火砕流が山頂付近から沢に沿って標高1200メートルほどまで流れ下ってできたものである。富士山から噴出した火砕流としては最大規模といえよう。

このほか富士山の西斜面と南西斜面（大沢）にも火砕流堆積物が確認された。こちら側の火砕流も山頂の近くで発生し、標高1000メートル付近まで流れ下っていたことが判明した。これを大沢火砕流という。

くわしい地質調査から、富士山では過去3200年のあいだに、10回以上も火砕流が発生していたことが明らかになった。すなわち、玄武岩質の巨大な成層火山が、しばしば火砕流を噴出しながら成長していたのである。

滝沢火砕流と大沢火砕流の堆積物の特徴からは、火砕流の噴出源がかなり高所にあったことがわかる。おそらく標高3000メートル付近の急斜面上で割れ目噴火が起こり、堆積した噴出物が斜面にとどまることができずに、高速で谷沿いに流れ下ったものと考えられる。たとえば、急斜面にいったんスコリアからなる火砕丘が形成され、これが崩壊して火砕流を発生させた可能性がある（図4－2C参照）。

このほかの方角の斜面でも、高温で流れ下った火砕流堆積物が確認されている。また、山麓で掘られたボーリングの試料からも火砕流堆積物が複数確認されている。

これらの事実から、過去には富士山の全周で火砕流が流下していたと考えられる。したがって、富士山の火山防災では、火砕流と火砕サージに対しても十分に準備しておく必要があるのだ。

火砕流のハザードマップ

火砕流はいったん発生すると、自動車でも逃げることができないほどの高速で流れ下る。富士山で発生する火砕流の速度は、時速100キロメートルを超えると予想されている。この速度は、火砕流としては一般的なものである。では、もしも富士山が噴火したら、火砕流はどこまで到達するだろうか。ハザードマップを見てみよう。

火砕流が発生する領域は、想定火口範囲（第2章の図2－7参照）のかなり内側にある。山頂周辺の急な斜面に降り積もった噴出物が崩壊して流れ出す可能性がある地域である。たとえば、固結したマグマが着地したあとに、一気に崩れて急斜面の上を火砕流として流走しはじめると考えられているのだ。このためハザードマップでは、火砕流の発生地域は想定火口範囲の中でも、降り積もった粒子が自然に落ち着き定着する「安息角（あんそくかく）」を超える急斜面に設定されている。ここでの安息角は、富士山の麓に形成された火砕丘の最大傾斜から、30度と設定している。

火砕流のハザードマップの作成にあたっては、富士山で確認された火砕流のうち、規模が最大である滝沢火砕流を用いて数値シミュレーションをしている。240万立方メートルの火砕流に対して、粒子流のモデルを使用して到達範囲をシミュレーションしたものである。

これに加えて、火砕サージの到達範囲も予測している。火砕サージは火砕流の本体部よりも流動性が高く、広範囲に流下すると考えられる。しかし火砕サージに関しては、粒子流モデルなどの適用できる力学モデルが完成していないため、ほかの火山での実績から推定している。一般に、火砕サージは火砕流本体の到達限界からさらに1キロメートルほど遠くまで分布している。したがって、火砕流の範囲から外側へ1キロメートルを火砕サージの到達範囲とした。

このようにして、火砕流本体とそこから分離する火砕サージが流下する範囲を、9個の異なる火口について計算した。

その結果をもとにして作成されたのが、火砕流と火砕サージを合わせた「火砕流の可能性マップ」である（図4-6）。この図は、富士山の山頂と山麓で火砕流と火砕サージが発生した場合に、どこまで到達する可能性があるかの最大領域を示したものである。囲の中で、最も下流の先端をつなげたものが、この可能性マップなのである。

これを見ると、火砕流と火砕サージの被害は富士山の全周にわたって発生する可能性があることがよくわかっていただけるであろう。

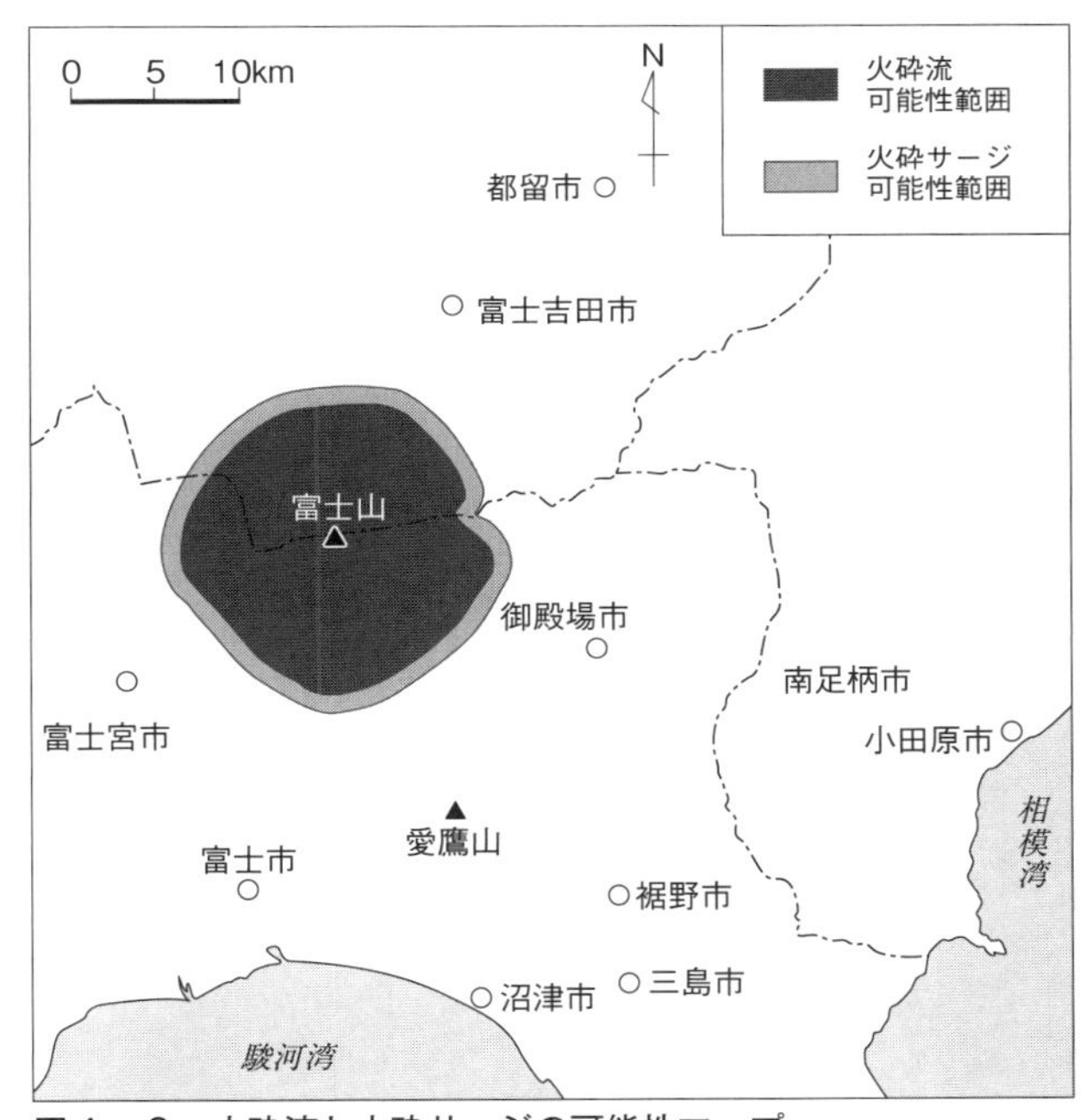

図4－6　火砕流と火砕サージの可能性マップ
火砕流と火砕サージは富士山の全周にわたって発生する可能性がある

火砕流と火砕サージの被害予測と課題

火砕流及び火砕サージについての可能性マップを見ながら、どのようなことが起こりうるのかを考えていこう。

富士山では、火砕流は山腹と山頂を問わずに発生する可能性がある。標高の高いところで噴出した火砕流は、一気に斜面を駆け下りるために危険性が非常に高い。したがって、山頂付近や五合目以上の高地で火砕流が発生した場合には注意が必要である。過去の富士山の実績では、このような高地の火口からのみ火砕流が発生している。

これまで富士山で確認された火砕流は、谷沿いにのみ確認されているが、これは一定量以上の堆積物が斜面上の侵食に抗(あらが)って残されたものである。これ以外にも量の少ない火砕流や火砕サージの堆積物があった可能性は高い。つまり、これまで知られているよりもさらに広い範囲を、薄い火砕流や火砕サージが襲ったかもしれないのである。とくに火砕サージは流動性がきわめて高いことから、谷に沿ってだけ流れるわけではないことに十分留意する必要がある。

火砕流と火砕サージは、噴火の開始からやや時間が経ってから発生すると予想される。しかし、具体的にどのくらい経過してから起きるかについての予測は難しい。とくに山頂付近でマグマを噴出した場合には、噴火が始まってから比較的早い時期に火砕流が起きることを考慮しておく必要がある。

　高速の火砕流が流下する場合には、前もって遠くまで逃げておくしか手だてはない。発生に気づいてから避難するのでは間に合わないのである。

　火砕流が高温の場合には、家屋ごと短時間で焼き尽くしてしまう。人が直接巻き込まれた場合は、即死すると考えられる。雲仙普賢岳の火砕流の場合では、全身の皮膚だけでなく気管支が焼けただれるという被害が出た。屋内にいた場合でも、窓やドアを破って流入することがあるので助からない場合が多い。火砕流の温度がやや下がって火傷の程度が軽い場合でも、火砕流に入っている岩片や軽石などの強い衝撃で外傷を受ける可能性が高い。

　火砕流の可能性マップで想定されている火砕流の到達範囲には、人家の密集する地域は含まれていない。しかし、夏山シーズンに山小屋へ宿泊する登山客などについては、火砕流の危険性が少なくない。さらに、ゴールデンウィークや紅葉の時期に、バスや自家用車で五合目まで行く観光客の危険度はもっと大きいと考えられる。土地勘の乏しい膨大な数の人々に対する迅速な対応が必要である。

　火砕流が湖に流入した場合には、二次的な水蒸気爆発を起こすことも考えられる。しかし、これまでの発生状況から可能性マップでは、富士五湖などの湖水地域まで火砕流が到達することはないとされている。

また、富士山は冬季には雪で覆われ、最大の積雪は4月頃になる。この時期に高所で火砕流が発生した場合には、融雪型(ゆうせつがた)の泥流(でいりゅう)が起きる可能性がきわめて高い（泥流については第5章参照）。すなわち、高温のマグマが雪を融かして体積を増加してから、一気に流下するのである。たとえば、北海道の十勝岳ではこのタイプの融雪型泥流が起き、大正時代に麓の集落へ甚大な被害をもたらしたことがある。

ただし、火砕流や火砕サージの堆積物は溶岩流ほどには厚くないため、冷えたあとの除去、復旧は溶岩流ほど困難ではないと予想されている。

第5章

泥流

数十年間も続く氾濫と破壊

1991年6月3日の雲仙普賢岳噴火で発生した泥流で埋まった家屋。
島原市泥流家屋保存館より（鎌田浩毅撮影）

この章で述べる火山災害のキーワードは「水」である。火山灰やマグマを噴き出す高温の噴火と、水に何の関係があるのかと不思議に思われるかもしれない。しかし、実は火山災害と水とは切っても切れない関係にある。それどころか、危険さにおいては火砕流にも匹敵し、噴火後も長期にわたって続くことから、水による災害は富士山噴火においてもきわめて強い警戒を要するのだ。その代表格ともいえるのが「泥流」である。

泥流とは何か

泥流とは、土砂が水とともに斜面を流れ下る現象である。火山灰や岩石は、水と混合するときわめて流動的になる。これらが大量の水で一気に押し流されると、流域にある巨岩をも取り込んで、大きな音を立てながら激しく波打つように突き進む。こうした泥流の速度と破壊力は、人間の想像をはるかに上回るものがある。

泥流は水のあるところなら、さまざまな場所で発生する。火山の広い裾野には川が流れているし、山頂が雪をかぶっていることも多い。たとえば積雪期に噴火が起きることで、山頂の雪が急激に融かされて泥流が起こることがある。冬期でなくとも、万年氷や氷河がある場所で噴火が起きれば泥流が発生する。また、噴火口はしばしば火口湖となっているので、噴火によって湖の水が火山灰や土壌を取り込んで泥流となることもある。もちろん、台風をはじめとする集中豪雨も泥流発生の引き金となる。

泥流と似た言葉としては「土石流」もよく耳にする。明確な定義はないのだが、あえて区別すれば、泥流は水がジャブジャブしている感じ、土石流は岩がゴロゴロと含まれている感じ、といったニュアンスだろうか。しかし本質的には両者は同じ現象であると考えて差し支えない。

また、泥流と同様の意味で「ラハール」（lahar）という言葉もしばしば用いられる。これはもともとインドネシア語で、「火山泥流」と訳されることもある。

ネバド・デル・ルイス火山で発生した泥流

南米コロンビアにあるネバド・デル・ルイス火山（海抜５３８９メートル）の１９８５年の噴火では、大規模な泥流が発生した。アンデス山脈にあるこの火山は北緯５度の熱帯にあるが、山頂はつねに一面の雪と氷河で覆われている。

火口から小規模の噴火が始まったあと、高温の火砕流が噴き出し、山頂周辺の氷原に堆積した。噴出物の熱によって氷が急激に融けた結果、大量の水が生じた。これが降り積もった軽石や火山灰と混ざって、泥流が発生したのである。

泥流は河川に沿って流れ下り、流域にある表土や岩や大木を巻き込み体積を急速に増していき、火山の斜面にできた峡谷を、時速60キロメートルの速さで轟音(ごうおん)を立てて流れた。谷のへりには川の水面より80メートルも高い位置に、このときの泥流が通過した痕跡が残っている。膨大な量に膨れあがった泥流は、約80キロメートル先のアルメロの市街を襲い、2万5000人の住民が犠牲となった。

アルメロは、峡谷が終わり川が広く開けた場所に位置している。泥流は峡谷を通過する間には厚さ30メートルで下り、峡谷の出口で広がって厚さ5メートルの流れとなり、街を押し流した。最終的には40平方キロメートルの地域に、厚さ1メートルの泥や砂からなるドロドロの堆積物が残された。かつて市街地のあった場所には、直径10メートルもの大きさの巨礫が置き去りにされていた。噴火にともなう泥流の被害としては、近年では最悪のものとなった。

セントヘレンズの泥流

1980年のセントヘレンズ火山の噴火でも、大規模な泥流が発生した。斜面が崩壊して岩なだれが発生した直後に、泥流が発生したのである。

ちなみに、岩なだれとは火山が山崩れを起こした際に発生する現象で、崩れた部分の莫大な量の岩石が一体となって高速で流れ下る。具体的には、山の上部の4分の1ほどの溶岩などが大きなブロックに壊れて、さらに粉々に砕けてゆく。ここでブロックというのは、家一軒ほどの岩石のひとかたまりである。つまり、10メートルを超えるような巨大な岩塊が、ブロックとして山の斜面を走り、流れ下るとともに次第に小さく砕かれてゆくのだ。

岩なだれは北麓を流れるトゥートゥル川に流れ込んだあと、川の水と一緒になってかさを増し、泥流となった。さらに、岩なだれの一部がセントヘレンズ火山の北東にあるスピリット湖に流れ込み、湖の水をあふれさせて泥流が発生した。

セントヘレンズ火山の泥流は、火山灰と細かい岩の粒子が水と混ざったものだった。色や粘性は、水を混ぜたセメントと同じような状態であった。流されていった固形物は、岩なだれに含まれていた破砕された大量の岩石と、噴火によって地面に薄く積もっていた火山灰である。

セントヘレンズ火山の噴火で泥流を起こした水は、山に積もっていた雪や氷、川と湖にあった水、マグマに含まれていた水蒸気が空中に放出し冷えて凝縮された水、の三つと考えられている。

セントヘレンズ火山のように、岩なだれを起源とする規模の大きな泥流は、発生源から非常に遠くまで流下する。また、流域にあった木の幹に残されていた泥の跡から、泥流の水位は通常よりも16メートルも高い位置にあったことがわかったが、それは過去に起きた最大規模の洪水よりもさらに9メートル高いものだった。泥流はトゥートゥル川の下流では川を詰まらせ、航行用に設けられた運河の底を浅くした。なお、このときのセントヘレンズ火山の噴火における岩なだれについては、第9章であらためて詳述する。

図5－1　ピナトゥボ火山の1991年噴火によって発生した泥流の見渡すかぎりの堆積物　人の大きさに注目（鎌田浩毅撮影）

火砕流のあとに発生する泥流

１９９１年にフィリピンのピナトゥボ火山で起きた噴火では、噴火の直後に泥流が発生した。

上空に噴き上げられた軽石と火山灰が降下したあと、火砕流が広範囲に堆積した。膨大な量の火砕流堆積物は、固結していないガサガサの物質であったため、折悪しく到来した台風による大量の降雨とともに簡単に流れ出した。

この泥流では、火山の周辺を流れる川が格好の流路となった。そして河川の谷間が埋めつくされると、新しい流路がつくられる間もなく氾濫して大きな被害をもたらしたのである。

その後も、噴火が終わってから10年以上ものあいだ、台風や豪雨のたびに高温の火砕流堆積地域では二次的な爆発が起こり、泥流がピナトゥボ火山の全域で頻繁に発生した。泥流は毎年、雨季ごとに繰り返された。とくに噴火直後の雨季では、20回も泥流が流出し、合計で0・4立方キロメートルの堆積物を残して、流域にあるすべての集落を埋めつくしてしまった。その厚さは最大5メートル、多くの場所で2メートルだった（図5－1）。

また、谷を流れて覆いつくした泥流は、支流をせき止めて湖をつくった。この湖は一時的なもので、二次爆発や豪雨による増水によってあふれると決壊し、しばしば下流に大きな被害を与えた。

さらに、もともと火砕流堆積物がもっていた熱により、噴火から数年経っても熱い泥流（ホットラハール、スチーミングラハールなどと呼ばれた）が流れ出した。川には、噴火から10年が過ぎても生ぬるい温水が流れていた。

氷河の下の噴火で発生する泥流

氷河のある火山で噴火が起きると、破壊的な泥流が起きることがある。氷の下から大量の熱が放出され、氷が融けて水となる。その水が噴出物と混合し、なだれのような状態になって流れ出すのだ。

「氷帽（ひょうぼう）」と呼ばれる厚い氷を山頂にいただく火口の下の爆発は、莫大な量の泥流を発生させる可能性がある。噴火の規模は小さいにもかかわらず、大きな被害が生じるのである。

厚い氷河の下で噴火が始まると、融解した水は氷の下に湖をつくる。湖の水位が高まってくると、水が氷河の表まで出てくる。

融けかけた氷河のまわりには、平常時に氷河から流れ出す川が何本かある。あふれた水はこの川の一つを通って流出する。アイスランドでしばしば起こるこのような氷河性の洪水は、ヨークルフロイプ（jokulhlaups）と呼ばれている。

1996年9月にアイスランド中部のグリムスボトン火山が噴火したあとに、このヨークルフロイプが発生した。200メートルを超す厚さの氷河の底で、割れ目噴火が始まったのである。その結果、氷が融けてできた水とマグマが接触して、マグマ水蒸気爆発が発生した。そして11月には氷河の端で膨大な量の水があふれ出し、大洪水を引き起こしたのである。

このため、総計3立方キロメートルほどの融解した水が下流の平野に流れ込み、道路や橋を破壊した。洪水が引いたあとには、岩や砂とともに氷の巨大な塊が残されていた。

実はこの洪水では、発生する10時間ほど前から、氷の下で融けた水が波打つにつれて地震が起きていた。この前兆を検知したアイスランド当局は、いちはやく道路を封鎖するなどの対策を講じたため、幸いなことに死者は一人も出なかった。

宝永噴火で発生した泥流

次に、江戸時代に富士山で発生した泥流を見てみよう。1707年の宝永噴火の直後から、厚い降灰が堆積して川を堰き止めていた。しかし、堆積物はやがて崩れて、急激に水があふれ出す鉄砲水となった。これによって大量の堆積物が泥流となって流れ出したのである。

泥流による土砂災害は、富士山噴火の二次災害として長期にわたって流域の人々を苦しめた。相模湾(さがみわん)に面する小田原藩の領地にはおびただしい量の泥流が流れ込み、50年以上も被害が断続的に発生した。このため小田原藩は、まもなく領地の運営を放棄せざるを得なくなり、その一部を幕府に返上したほどだった。その後も泥流災害は長期にわたって続き、領地が小田原藩に戻ってきたのは70年もあとのことだった。

宝永噴火は、それまでに富士山で起きた噴火と比べても、かなり特異的な災害を広範囲にわたってもたらした。とくに流出した火山灰による用水路・河川の氾濫など、農林業を中心とする生産活動・経済活動に多大なる被害を与えたのである。

これをみた当時の江戸幕府は、小田原藩主をはじめとする個別領主による対応には限界があると判断し、組織的な対応をはかることとなった。宝永噴火の翌年には、被災民救済と被災地復興費用として、全国に高役金(たかやくきん)（国役金）を課した。これとともに、降灰量の多かった被災地を幕府の直轄地に編入し、幕府代官による被災民救済を実行に移した。

さらに幕府は、火山灰流入で河床の上がった下流にある河川の浚渫（しゅんせつ）を行った。たとえば酒匂川（さかわがわ）の川浚（ざら）い工事を、諸大名に土木工事の費用を拠出させて行った。外様（とざま）大名らに命じた「お手伝い普請（ぶしん）」と呼ばれるものである。

これらの事業はいずれも、江戸幕府の成立以来、初めての大がかりなものであった。噴火当時は五代将軍徳川綱吉の治世末期であったが、こののち八代将軍徳川吉宗による享保改革まで、二次災害に対する幕藩領主の対策が長年にわたって実施された。

現代でも、富士山が噴火して大量の火山灰が富士山から東へ降った場合には、宝永噴火のときのような災害が長期間にわたって発生する可能性がある。なお、宝永噴火による被害と復旧の詳細は、２００６年に内閣府から公表されている（中央防災会議「災害教訓の継承に関する専門調査会」編『１７０７富士山宝永噴火報告書』）。

富士山では２９００年前の噴火による御殿場岩なだれのあとにも、大規模な泥流が発生している。これは富士山の東斜面から、酒匂川や黄瀬川（きせがわ）沿いに流下し、莫大な量の堆積物を残した。堆積物の総体積は３立方キロメートル近くもあった。岩なだれだけでも御殿場市を埋めつくすほどだったはずだが、さらに１００年以上にわたって泥流の被害が続いたと考えられている。

富士山噴火における泥流の発生には、現在、二つのケースが想定されている。

一つは、積雪期に積もった雪を融かすことにより生ずる泥流で、融雪型（ゆうせつがた）泥流と呼ばれている。もう一つは、噴火によって積もった火山灰などの多量の堆積物が、台風などをともなう大雨によって一気に流されて起きる泥流である。このタイプの泥流は、宝永噴火後の例のように、噴火が終了してからも長い期間、断続的に発生する。

では二つのタイプについて、それぞれの災害予測を見ていこう。

融雪型泥流の到達範囲

富士山の山頂付近は秋から春にかけて、雪ですっぽりと覆われている。この時期に山頂から噴火活動が始まると、雪を融かして大量の水が出現する可能性がある。

たとえば、火砕流が噴出した場合には摂氏５００度を超える高温により斜面に積もっていた雪や氷が急速に融かされ、斜面を構成する土壌や火山灰と一緒になって泥流を発生させる。

このような融雪型泥流は、たとえ噴火活動がごく小規模でも大量の土砂を流し出して甚大な被害をもたらすので、冬期の噴火には格段の警戒が必要となる。

これまで富士山の斜面で融雪型泥流を起こした記録はないが、氷河や万年雪を山頂にもつ他の活火山では、しばしば深刻な泥流災害を起こしてきた。前述のネバド・デル・ルイス火山で起きた泥流はその代表例である。

富士山では融雪型泥流の発生を定量的に予測するために、積雪量と噴火活動によって与えられた熱量などをもとに、コンピュータ上でのシミュレーションが行われている。そこでは、シミュレーションに必要な自然条件を以下のように想定している。

富士山の表面では強風のため、雪が尾根に積もることはほとんどない。一方で、谷部では最大10メートルほどの積雪がある。一般に、風の影響が少ない森林地帯の平均積雪は30〜60センチメートルなので、シミュレーションでは富士山の斜面全体の積雪を平均50センチメートルとしている。

また、火砕流の温度は摂氏500度以上と考え、厚さ50センチメートルの積雪は、火砕流の到達地域ではすべて融けて水になるとした。

次に、融雪型泥流が発生する地点は、火砕流の流下によって中腹に厚く積もった雪が融け始める地点とした。すなわち、この地点まで火砕流は高温を保ったまま流下し、ここから下で雪を融かした泥流が発生すると想定した。

このシミュレーションによれば、泥流は下流へ向けて川筋を何十キロメートルも流れ下る。たとえば、北の方向では河口湖に、北東では富士吉田市に、東では御殿場市に、南では富士市に、南西では富士宮(ふじのみや)市のそれぞれ市街地に、比較的短時間に到達するおそれがある。さらに、南方へ流れ下った泥流は、東名高速道路を寸断する可能性も指摘されている。

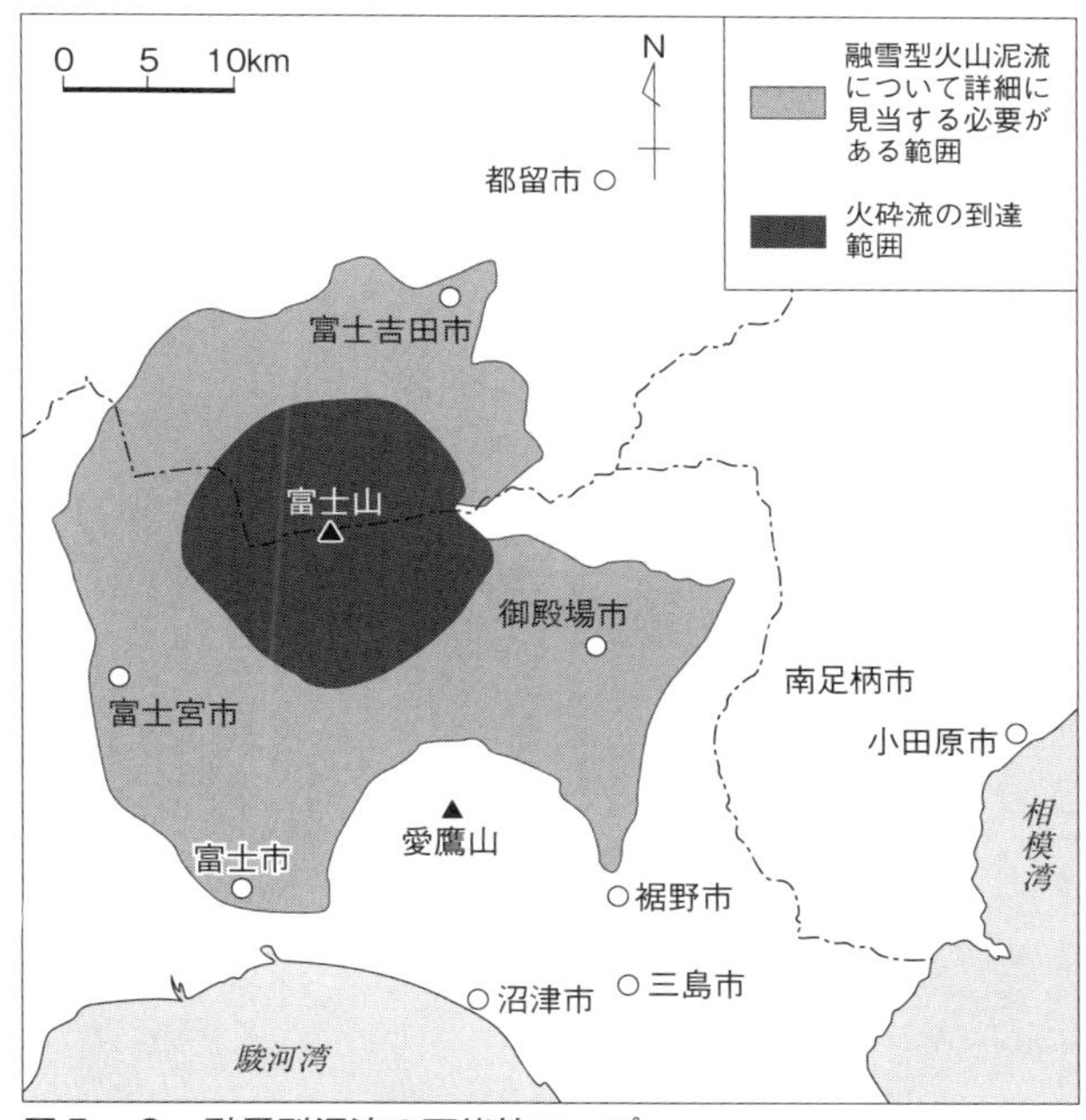

図５－２　融雪型泥流の可能性マップ

シミュレーションによってみちびかれた火砕流の到達範囲と、それによって引き起こされる融雪型泥流の到達範囲の二つを示したハザードマップとして、「融雪型泥流の可能性マップ」が作られている（図５－２）。この図では、火砕流が富士山の全周囲にわたって流れ出した場合を想定して、火砕流と泥流の到達範囲を合わせて表示している。ただし、泥流や火砕流は同時に全方向へ流れ出すわけではなく、地域ごとに条件に差があることに、注意していただきたい。

融雪型泥流の発生は、主に冬の積雪期に火砕流が山頂火口から噴出した場合が考えられている。火砕流の噴出から泥流の発生までには多少の時間差があると予想される。しかし、火砕流自体がかなり高速で流下するため、どのくらいの時間の猶予（ゆうよ）があるかはまったく不明といってもよいだろう。富士山山麓では3～5月に積雪量が最も多くなるため、この時期の噴火には警戒が必要である。

降灰による泥流の到達範囲

次にもうひとつの、降灰などの噴火堆積物が流されることで発生する泥流を見ていこう。

この泥流の例として代表的なのが、さきほど述べた宝永噴火による泥流である。このときの土砂災害を見ると、火山灰が厚さ10センチメートル以上に降り積もった地域で、泥流災害が集中的に発生したいたことがわかっている。そこで、富士山が噴火したときに降灰が10センチメートルを超えるとみられる渓流（土石流危険渓流）から泥流が発生すると想定して、シミュレーションが行われた。

その結果、富士山から東の地域に偏西風にのって大量の火山灰が降れば、泥流が発生することが明瞭に示された。とくに10ミリメートル以上の雨が降った直後に起きやすいこともわかった。したがって、降灰中に雨によって泥流が起こる可能性もある。そして、このタイプの泥流の到達範囲は、神奈川県の横浜市や藤沢市にもおよぶことがわかった。

　こうした泥流についても、渓流の経路ごとに細かく色分けされた可能性マップが作成されているが、情報が多く一般市民にとっては読みづらいため、個々の地域ごとに切り分けて情報量も減らした一般配布用マップを作成している。

泥流という災害の特徴

　泥流はいずれのタイプも速度が速く、時速数十キロメートルにもなるため、発生してから逃げはじめたのでは間に合わない。このため、泥流発生の可能性が生じたらすぐに避難を開始しなければならない。発生源から10キロメートル以上離れた市街地にも、泥流が1時間以内で到達する可能性が指摘されている。

　泥流の水深はさまざまであるが、深い場合には人や車が流されてしまうおそれが強い。たとえば、流速が毎秒1メートル以上で、水深が20センチメートルを超す場合には水死すると考えるべきである。もし泥流が下流の市街地に流れ込んできた場合には、鉄筋造りなどの頑丈な建物の2階以上に避難してほしい。

　泥流自体は最初は谷沿いを流れるが、水かさを増した場合は谷からよくあふれる。したがって、谷から離れれば安全というわけではない。富士山には八百八沢あるといわれているが、谷地形は不規則で氾濫しやすく、また河川が流路をしばしば変えるため、思わぬところで泥流があふれ出すことも多いのである。

融雪型泥流の場合は、山頂からの火砕流だけでなく、溶岩流や水蒸気爆発によって雪が融けても発生する可能性がある。しかし、それらが被害を及ぼす範囲は、火砕流を発生源とする被害範囲よりも小さいと考えられるため、「融雪型泥流の可能性マップ」（図5－2）の範囲内で十分と想定されている。

一方で、降灰などによる泥流の場合は、火山灰が大量に降りはじめた時点で、泥流の発生を予想して事前に避難しなければならない。

泥流によって引き起こされる災害は、大雨などによる洪水とかなり異なる。最大の違いは、火山灰に加えて岩石が大量に含まれるため、破壊力がより大きい点である。

また、泥流は噴火からしばらくたったあとの平常時でも発生することを覚えておいていただきたい。地上に堆積した軟らかい火山灰を豪雨が流したり、火山灰の積もった急な崖が地震で揺さぶられたりしたときに、地滑りとともに発生することもある。このような場合には、噴火と関係なく起きる土砂災害と同じ対処が必要となる。

雨のないときにはほとんど水が流れていない川であっても、降雨とともに泥流が発生することがある。全国的に「水無川（みずなしがわ）」という地名がついている川には、このようなところがある。たとえば、雲仙普賢岳の東麓にある水無川では、1991年の火砕流の発生後に泥流が頻繁に起こり、長期にわたる災害をもたらした。

このように大変に厄介な泥流であるが、一方で泥流は火山麓で何千回となく氾濫して土砂を運ぶことで扇状地を形成し、人間に多くの恵みを与えてくれてもいる。泥流のおかげで、農業に適した平坦で肥沃（ひよく）な土地が生まれたともいえるのである。

自然災害にはそうしたプラスの面もあることに気づかせてくれるのも、泥流のひとつの特徴といえるかもしれない。

第 II 部

南海トラフと富士山噴火

第6章

地理と歴史からみた富士山噴火

1707年の富士山噴火(宝永噴火)直後の様子を描いた絵図。
当時、江戸に勤めていた旗本の伊東祐賢が記した『伊東志摩守日記』より
(宮崎県立図書館所蔵)

これまで見てきたように、富士山は「噴火のデパート」と呼ばれるほど、火山灰、溶岩流、火砕流、泥流など多様な噴出物を出しつづけて、およそ10万年ものあいだ、噴火を繰り返してきた。しかし現在は１７０７年の宝永噴火以来、３００年ものあいだ沈黙を保っている。そのため富士山が噴火するなど思いもよらないという日本人は多いのだが、いうまでもなく、このまま噴火をしないままでいるということはありえないのである。

では、次に富士山はいったい、いつ、どのように噴火するのであろうか。これを考えるにあたり、どうしても外すことができないのが、地震との関係である。実は火山噴火と地震とは、地理的にみても、また歴史的にも、密接に連動しながら発生してきている。

とくに富士山の噴火は、次に来る巨大地震の震源と予測されている南海トラフの動向を抜きにしては語れないのである。そこで第Ⅱ部では、富士山と南海トラフとの関係を見ていきながら、これからの富士山がどうなるのかを考えてみたい。

特殊な日本列島の、特殊な場所にある富士山

まず、日本列島全体のスケールの中に富士山をおいてみて、この山がどのような位置を占めているのかを見ていこう。

わが国は四方を海に囲まれた島国であり、いくつもの島が総計３０００キロメートルを超える

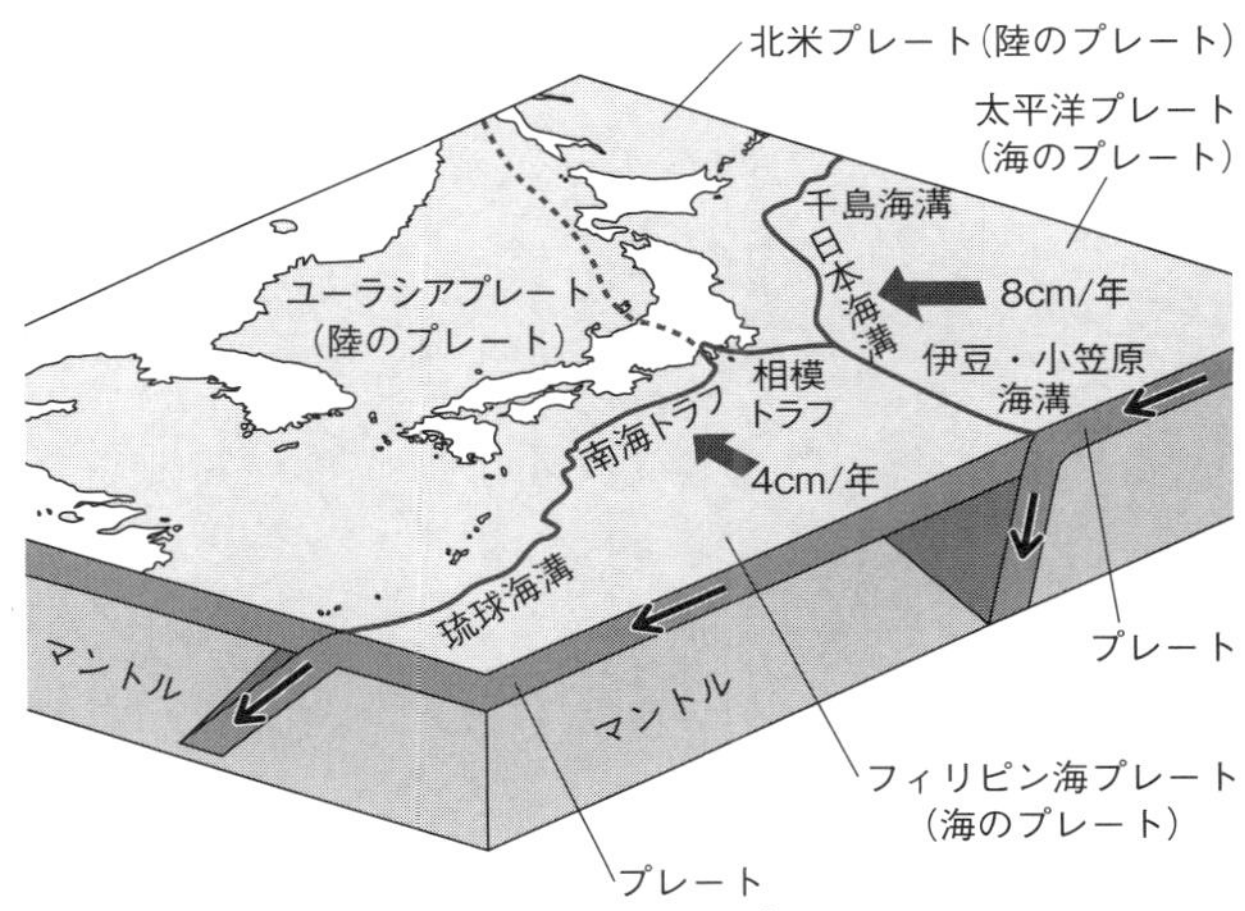

図6－1　日本列島を取り巻く4つのプレート

距離にわたって並んでいる。地球科学ではこうした島々を「弧状列島」と呼ぶ。

日本列島の成り立ちは、「プレート」という岩板の動きで説明できる。地球の表面は7割が海、また3割が陸で占められている。陸地は岩石からできているが、海の底にも同じように岩石がある。世界中の海底と陸地は、大きく見て11個ほどのパーツに分けられる。つまり、地球の表面は11枚ほどのプレートという岩石からなる厚い板によって分割され、この板がプレートと呼ばれているのだ。プレートには陸をつくる「陸のプレート」と、海をつくる「海のプレート」がある。

このうち日本列島には、4枚のプレートが関わっている（図6－1）。すなわち、列島をつくる陸の部分はユーラシアプレートと北米プレートという陸のプレートからできていて、東の沖合に広

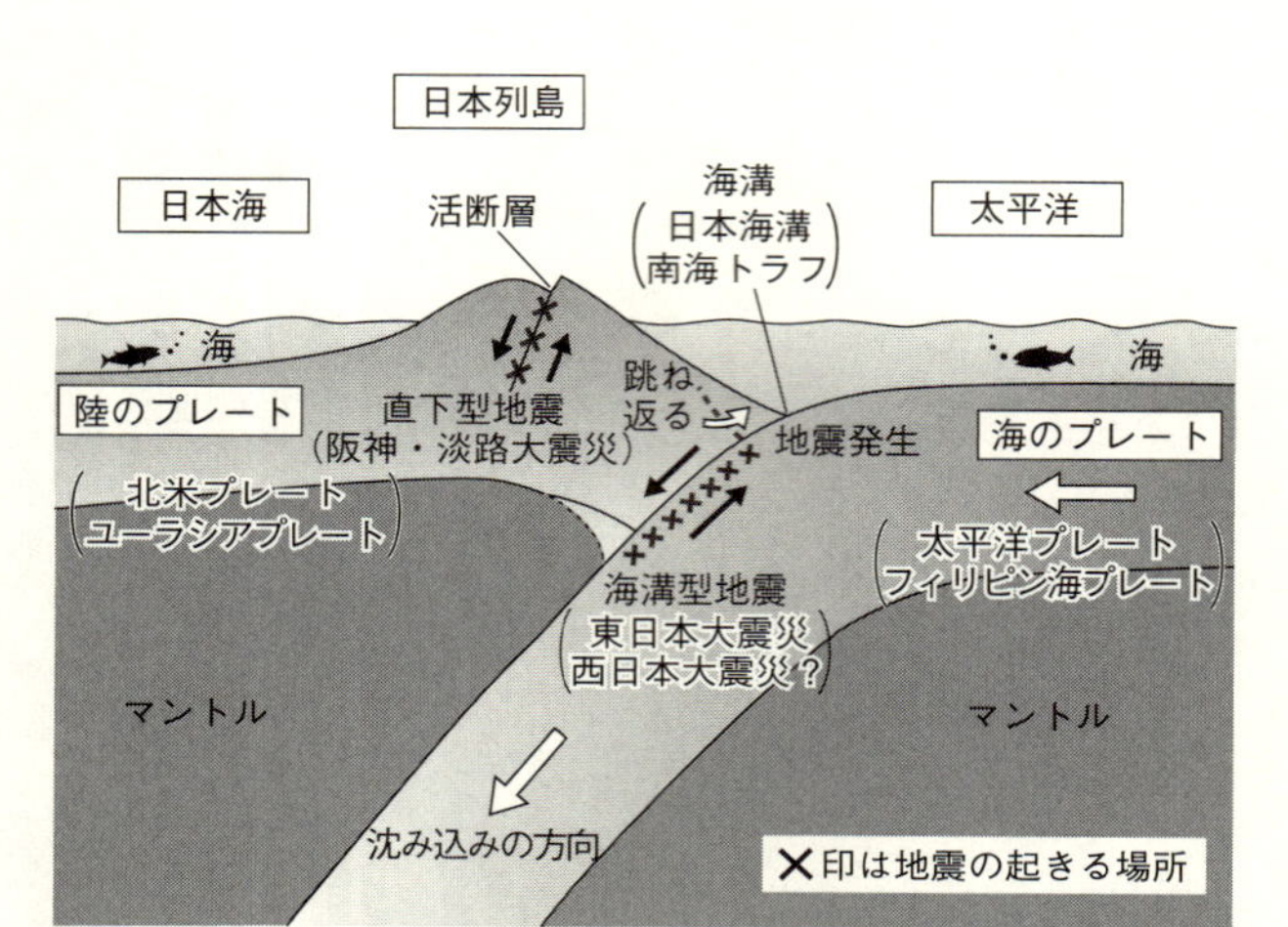

図6－2　日本列島の地下構造と地震の発生場所（鎌田浩毅作成）

がる太平洋には太平洋プレートとフィリピン海プレートという2枚の海のプレートがある。このような陸のプレート2枚と海のプレート2枚、あわせて4枚ものプレートの相互運動によって、日本列島は約2000万年前に誕生した。このような場所は、世界でも稀である。

この4枚のうち、海のプレートは海溝から、陸のプレートの下に長期間にわたってもぐりこんでいる。長期間とは地球科学では1億年を超えるような時間単位である。太平洋プレートとフィリピン海プレートが日本列島の地下へ、斜め下の方向に、いまも絶え間なく沈み込んでいるのだ（図6－2）。このとき、日本列島はゆっくりとたわんでいく。しかし、やがてそれに耐えきれなくなったとき、陸側のプレートは元に戻ろうとして跳ね返る。このとき、海底で地震が起きる。このような場所を震源域という。２０１１年の東日本大震災はこのようにして日本海溝で起きた。これを「海溝型地震」という。そして将来の発生が確実視されている南海トラフ巨大地震もまた、このタイプの地震である。

なお、プレートの動きは非常にゆっくりしていて、一年に4～8センチメートルほどの速度である。身近なものでたとえれば、手足の爪が伸びるくらいの速さである。こうしたゆっくりとした動きでも何百万年、何千万年という期間には、非常に大きな距離を移動する。こうしたプレート運動で地震や噴火など、地球上のさまざまな変動現象を説明する理論が「プレート・テクトニクス」である。

地震にはもう一つ、阪神・淡路大震災のように内陸の活断層で起きるものがある。これを「直下型地震」という。このタイプの地震については第7章でくわしく述べる。

そして、日本列島の中でも富士山の近傍には、北米プレート、ユーラシアプレート、フィリピン海プレートが集まった場所がある。これは「プレートの三重会合点」とも呼ばれていて、３枚ものプレートが重なり合う地球上でもきわめて珍しい場所なのである。

引き裂かれるフィリピン海プレート

ところで、日本列島の太平洋側では前述のように、海側のフィリピン海プレートが陸側の北米

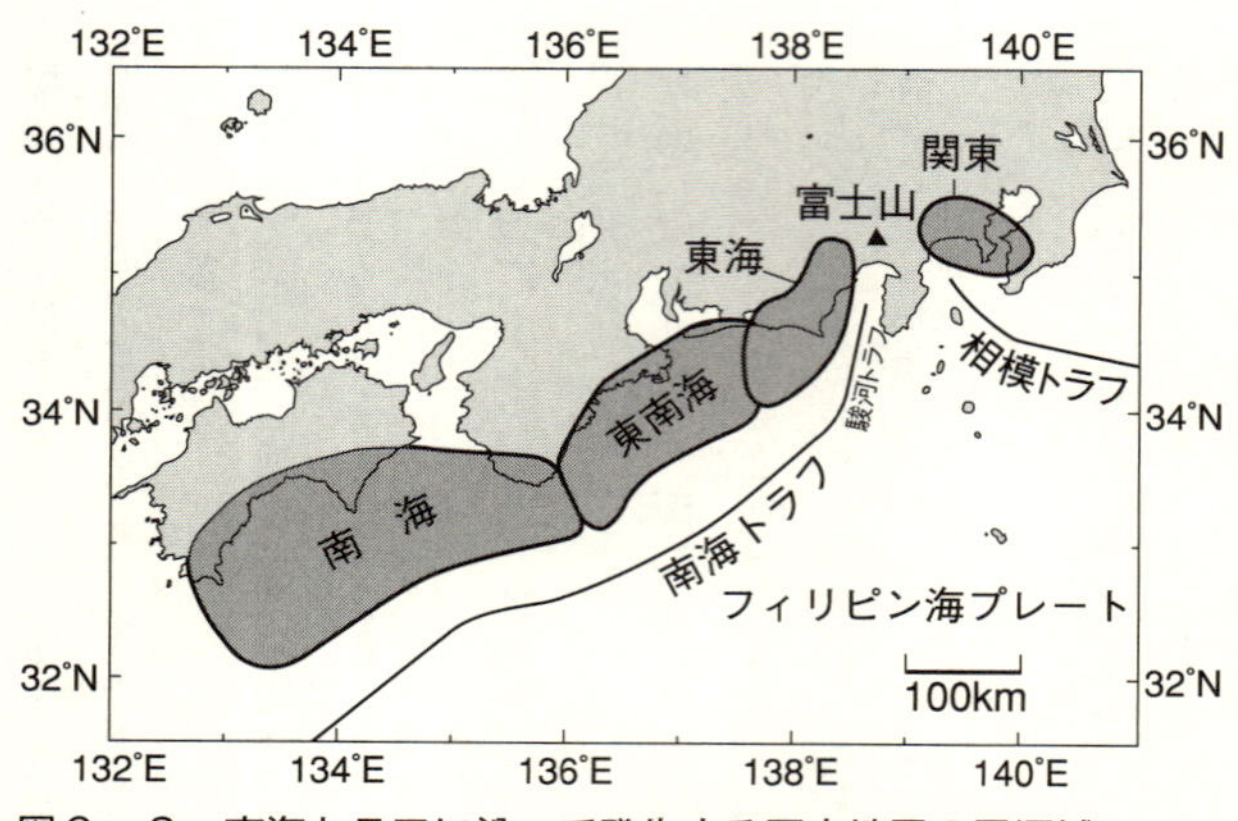

図６－３　南海トラフに沿って発生する巨大地震の震源域
(『富士山の謎をさぐる』築地書館の吉井敏尅氏の図による)

プレートとユーラシアプレートの下に沈み込んでいる。その海底では、西から東へ順に、南海トラフ・駿河トラフ・相模トラフという凹地が形成されている（図６－３）。なお「トラフ」とは一般に、海溝よりも浅くて幅広い海底の凹地を指す。

富士山の位置は、駿河トラフと相模トラフが陸上へ延長した線の交点にあたる。すなわち富士山の直下では、フィリピン海プレートがその西側では駿河トラフから北西方へユーラシアプレートに沈み込み、東側では相模トラフから南東方へ北米プレートに沈み込んでいる（なおフィリピン海プレートの西方部分は東海スラブ、また東方部分は関東スラブとも呼ばれる）。

こうしてフィリピン海プレートは、二つの陸のプレートの下に沈み込むことによって、東西に引っ張られる力が働いている。つまり地下深部では、沈み込むにしたがって東西に引き裂かれつつあるのだ。

プレートのさらに下には、マントルがある。マグマはここでつくられる。地下深くで生産された大量のマグマは、フィリピン海プレートに裂け目ができることで上昇しやすくなっている。そのため富士山では、長期間にわたってマグマが噴出しやすい状況が続いている。

富士山は日本列島で最大の火山だが、海のプレートをつくる玄武岩質のマグマが大量に噴き出ることで成長してきた。その理由の一つは、海のプレートが引き裂かれる特異な場所にあってマグマが容易に上昇したためと考えられているのだ。これが富士山を地理的に見たときのきわめて大きな特徴となっている。

富士山は「4階建て」だった

さて、では富士山のどこからマグマが出るのかを考えるためには、噴火の履歴をくわしく見ていくとよい。そのために、今度は富士山の過去の歴史を振り返ってみよう。

富士山は特異な生い立ちをもっている。どの火山でもそれぞれ特徴はあるものなのだが、とくに巨大な山体をもつ富士山は、実に意外な構造を秘めていることが、近年の地質調査であらためてわかったのである。

東京大学地震研究所は、富士山北東側の五合目にある小御岳（こみたけ）の周辺で坑井（こうせい）による掘削調査（ボーリング）を行った。５ヵ所で最深６５０メートルまで掘り進み、地下の状態を調べるために使われる「コア」と呼ばれる円柱状にくりぬいた岩石を、地下深部から引き上げた。その岩石をくわしく調べたところ、これまで富士山にはなかった種類の岩石が見つかったのである。

　富士山には長い噴火の歴史がある。約10万年前から現在まで、数百年おきに大きな噴火を繰り返して現在の富士山が形成されたのであり、最初から現在のような形ではなかった。

　従来の調査で、富士山の活動は約1万年前を境に「古富士火山」と「新富士火山」に分けられ、現在の富士山は新富士火山で、その下に古富士火山が埋まっていることがわかっていた。この二つの山体は、いずれも玄武岩からできている。

　さらに１９３０年代に、古富士火山の下には別の山体があることがわかった。小御岳神社の付近の地表には、富士山では珍しい安山岩の溶岩が露出していることを、東京大学地震研究所で長年富士山の研究をしていた津屋弘逵（つやひろみち）教授が発見したのだ。戦前戦後にかけて富士山をくまなく歩いて調査し、富士山の全域にわたる地質図を最初に作った津屋教授は、あるとき、小御岳神社の脇に玄武岩よりもやや色の薄い灰色の溶岩を見つけた。彼は古富士火山をつくる前に形成されていた火山体の一部と判断して、これを「小御岳火山」と命名した。小御岳火山は富士山の基盤をつくっていた火山だったのだ。ここに、富士山は「小御岳火山」「古富士火山」「新富士火山」の三重構造をもっていることがわかった。ところが、近年の東京大学地震研究所の調査で、さらなる事実が判明したのである。

この坑井調査で、地下300メートルより深いところから角閃石を含む安山岩が出た。角閃石とは、火山岩に含まれる鉱物の一種で、地下のマグマが冷えた際にできたものである。数ミリメートルの大きさの結晶で、日本産の安山岩にはごく普通に見られる。拳ほどの大きさの安山岩を野外で太陽の光を当てながら観察すると、ピカピカ黒く光る角閃石が容易に判別できる。劈開面と呼ばれる結晶の割れた面に艶があって光るのだ。

しかし、富士山から噴出した火山岩の中で、角閃石が産出されるのは初めてのことだった。そして、小御岳火山の下から得られた岩石が角閃石を含んでいることから、そこに小御岳火山とはまったく異なる山体が存在していることがわかったのである。

この結果、富士山には新富士火山、古富士火山という玄武岩質の火山体の前に、安山岩質の小御岳火山があり、さらにその前に、別の火山体があったことがわかったのである。おそらく、鉱物を変化させながら、多様な噴火を起こしたのだろう。

角閃石を含む火山体は、東京大学地震研究所の研究者らによって「先小御岳火山」と名づけられた。こうして富士山は下から、先小御岳火山、小御岳火山、古富士火山、新富士火山という「4階建て」の構造をもつことが明らかとなったのである（図6－4）。

先小御岳火山の噴火年代を示す放射年代測定値はまだ得られていないが、富士山の南方にある

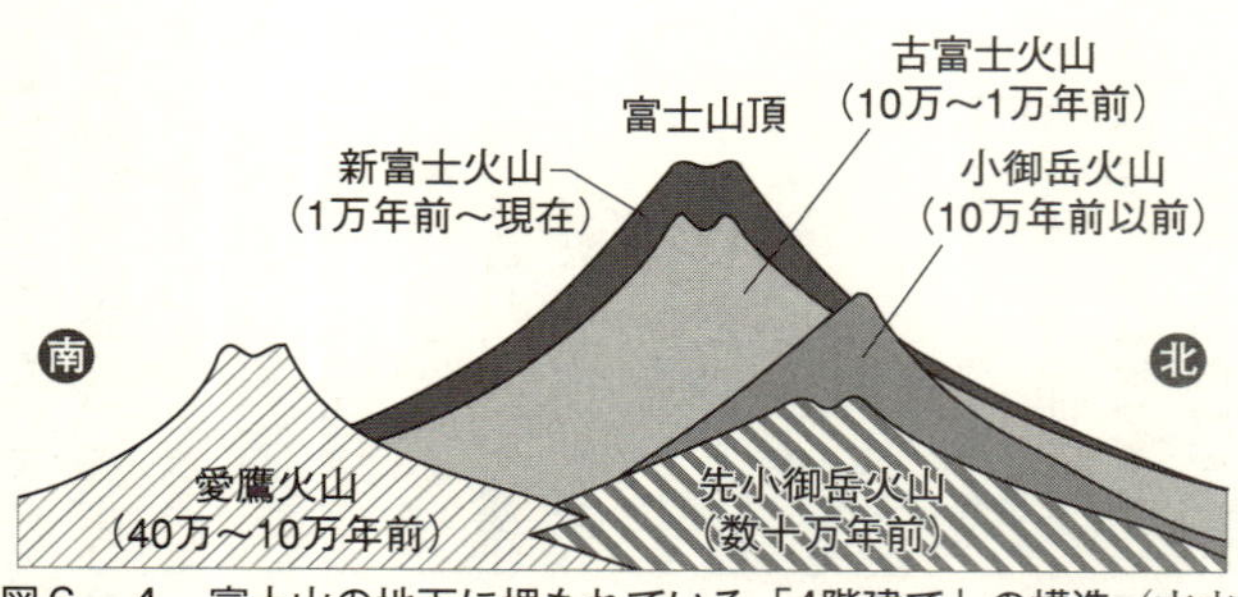

図6－4　富士山の地下に埋もれている「4階建て」の構造（吉本充宏氏の図を改変）

愛鷹（あしたか）火山とほぼ同時期の数十万年前頃に活動したと推定されている。

余談だが、坑井掘削によって火山の地下構造が明らかにされ、新しい名前が与えられたという例は、富士山以外にもある。

かつて九州中部の地熱地帯で、3000メートル級の坑井が通商産業省（現在の経済産業省）によって数十本掘られたことがある。大分県・熊本県にまたがる火山帯で、日本有数の温泉の湧（わ）き出る地域でもある。地下深部の地熱資源を開発するために、10年ほどかけて国家プロジェクトが遂行されたのだ。

私はこのプロジェクトに加わっていたことがあり、坑井掘削で得られた岩石コアの岩質と放射年代をくわしく調べてみた。その結果、火山地帯の地下に膨大な量の火山岩が規則正しく埋もれていることが判明した。火山学の用語で「火山構造性陥没地」と呼ばれる特殊な地域であることから、地下と地上の火山体を合わせて「豊肥（ほうひ）火山地域」と命名することにした。かつて大分は「豊後（ぶんご）」、熊本は「肥後（ひご）」という名だったので、それぞれの最初の文字をとったのである。いまでは国際学術雑誌にもこの英語名（Hohi volcanic zone）が使われている。（豊肥火山地域については拙著『日本の地下で何が起きているのか』〔岩波科学ライブラリー〕に詳述した）。

この発見は、数多くの坑井掘削なくしてはありえなかったことであり、富士山における成果も同じ意義をもつ。火星に探査機を飛ばす時代になっても、地下の構造はわからないことが多い。

たとえば、長野県の八ヶ岳は火山の誕生からすでに100万年ほどが経過しているため、表面がかなり削られて内部が露出している。このような浸食の進んだ火山では地上の地質調査によって成り立ちをかなり知ることができるが、富士山のように若い火山では、中身を知ることが非常にむずかしい。こうした場合、坑井掘削によって直接内部を調べられる機会はきわめて貴重であり、今後も富士山周辺で行われる掘削から思わぬ発見が期待されよう。

富士山の基盤をつくった火山活動

ここで富士山の生い立ちを、時間を追って少し整理してみよう。

最初に、先小御岳火山が数十万年前に活動を始めた。この火山は現在の富士山を構成する玄武岩だけではなく、安山岩やデイサイトも多く含む火山体であった。富士山の周辺にある愛鷹火山や箱根山のような火山だったのではないかと考えられている。

その後、小御岳火山が先小御岳火山の上に形成された。これは10万年前くらいまで活動を続けていた火山であり、先小御岳火山と異なり安山岩と玄武岩の溶岩を噴出している。先小御岳火山と小御岳火山は、いずれも現在の富士山の基盤をつくった火山である。

このあとからいよいよ富士山の本体をつくった活発な活動が始まる。まず、10万年前から1万年前までの古富士火山の活動である。

最初に小御岳火山の南斜面で大規模な噴火が始まり、1万年前まで大量のスコリア（黒い軽石）や火山灰を降り積もらせた。それ以前の活動が、溶岩を流し出すなどの比較的おだやかな活動であったのに対して、古富士火山の噴火は基本的には非常に爆発的なものであったようだ。

実は、富士山で最初に巨大な成層火山をつくったのが、古富士火山の時代である。古富士火山が爆発的な噴火をしたことは、この時期に膨大な量のスコリアと火山灰を関東一円に降り積もらせた事実からわかる。そのことは、残された堆積物の詳細な地質調査からわかっている。

スコリアと火山灰は、火山学では「テフラ」（tephra）と呼ばれている。もともとギリシャ語を語源にもつ言葉で、「灰」といった意味である。空から降ってくるので「降下（こうか）テフラ」という用語もよく用いられる。古富士火山から噴出したテフラは、南関東の広い範囲に厚く積もった。大量のスコリアと火山灰が、偏西風によって富士山の東へ飛来したのである。これらのテフラは、場所によっては10メートル以上も堆積し、新たに地層を形成した。関東平野を広く覆う関東ローム層と呼ばれる軟らかい地層である。

関東ローム層は富士山だけでなく、神奈川県の箱根火山などから噴出したテフラからもつくられているが、関東ローム層は富士山だけでなく、関東地方南部に広く分布する立川ローム層には、富士山から飛んできたテフラが数多く含まれている。いわゆる赤土と呼ばれる褐色の土壌であり、地表近くを覆う真っ黒な土のすぐ下に見ることができる。古富士火山からは、1万1000年前くらいまで、大量のテフラが広い範囲へまき散らされていたのである。

次に、新富士火山について見てみよう。新富士火山の活動は1万1000年ほど前から始まったのだが、古富士火山とはかなり活動の様子が変わっている。

一言で述べれば、さまざまな噴火様式が開始されたのである。降下テフラだけでなく、溶岩も大量に流し、さらに噴石や軽石も飛ばした。

また、マグマを噴出した場所が一定ではない。これは山頂の火口だけでなく、山麓にある側火口も頻繁に使われるようになったということである。さらには、古富士火山の時代にも複数回あった、山の側面を崩す山体崩壊までも起こしている。

新富士火山の活動から「噴火のデパート」と呼ばれる状況が始まり、それは現在まで続いている。この時期の活動をくわしく知ることは、将来噴火の予測をするうえでもたいへん重要である。

富士山噴火の最初のステージ

さて、新富士火山の1万1000年以後の火山活動は、大きく五つのステージに分けられている。各ステージごとにくわしく見てみよう。

「ステージ1」は、1万1000年前から8000年前までである。この時期には、古富士火山の時代に優勢であったスコリアや火山灰の噴出が下火になった。その代わりに大量の溶岩が噴出しはじめる。

現在、富士山表層に見られる大部分の溶岩流は、新富士火山の活動によるものである。たとえば、静岡県三島市にある三島溶岩は、30キロメートルも流れ下った1万1000年前の溶岩である（第2章の章扉写真参照）。粘性がかなり小さいために、サラサラと遠くまで流れることができた典型的な玄武岩の溶岩である。

また、8000年ほど前に噴出した猿橋溶岩も、新富士火山のステージ1の時期のものである。この時期には、39立方キロメートルもの膨大なマグマが噴出したと見積もられている。

このようにステージ1では富士山の全周にわたって溶岩が流れ下り、富士山のなだらかな山麓を形作ったのである。これが現在見られるような円錐形の美しい火山体の始まりとなった。

次の「ステージ2」は、8000年前から4500年前までである。この時期にはやや小規模な爆発的な噴火を数多く起こし、火山灰を大量に噴出した。これらは降下テフラとなり、地元で「富士黒土層」と呼ばれる真っ黒でフカフカした豊かな土壌をつくった。

この黒土層は、もともと富士山の火口から噴出したスコリアを起源にもつ。この地層を火口まで追っていくと、火口の近くではゴロゴロとしたスコリアの塊となる。これが細かくなって風に飛ばされた火山灰が、時間をかけて腐食し黒土層になったのである。一方、火口付近では、スコリアの噴出にともなってできた小型の火砕丘が形成されている。

山頂から頻繁に溶岩を噴出

「ステージ３」は、４５００年前から３２００年前までである。この時期は、山頂から溶岩を頻繁に流し出したことで特徴づけられる。

噴出したマグマは3立方キロメートルにも達し、この時期に現在のような円錐形の巨大な成層火山の姿ができあがったと考えられている。

この時期の溶岩は、同じ玄武岩でもやや粘性の大きい溶岩流であった。先の三島溶岩や猿橋溶岩と比べると、溶岩流の表面はつるりとしたパホイホイ溶岩ではなく、ゴツゴツとした典型的なブロック溶岩となっていることでも区別できる。ちなみに溶岩には二つの形態がある。パホイホイ溶岩の「パホイホイ」(pahoehoe) とはポリネシア語で、洋服の生地に用いられる「サテン」

図6－5　富士山の東麓「富士山グランドキャニオン」に大量に降り積もったスコリア層
新富士火山の時期の噴出物が見られる（鎌田浩毅撮影）

という意味であり、表面がつるつるして光っている特徴がある。しばしば縄をよじったような模様もついている。これとは対照的にブロック溶岩は、ゴツゴツとした表面にトゲが突き出た溶岩である。ブロック溶岩ほどではないが、アア溶岩という種類もある。「アア」（aa）は、ハワイにいたポリネシア人が溶岩の上を歩いて思わず発した言葉に起源を持つ。溶岩の上を裸足で歩いてみるまでもなく、アア溶岩の表面はいかにも歩きにくい形態をしている。

また、ステージ3では、山頂噴火だけでなく山麓の側火山が噴火したという点も重要である。これらの側火山からは、溶岩とスコリアの両方を噴出している。

「ステージ4」は、3200年前から2200年前までである。この時期には山頂で爆発的な噴火がしばしば起き、火砕流も発生した。たとえば、第4章で述べた大沢火砕流は3200年前に噴出し、山頂の西側を高速で流下したものである。また、このステージでは、富士山の東方の山麓にスコリアを大量に降り積もらせている（図6－5）。有名なものとしては、山頂から大沢スコリアが、北斜面の側火山から大室スコリアが、また東斜面の側火山から砂沢スコリアがそれぞれ噴出し、山麓に厚く堆積した。

ステージ4で起きた山体崩壊

これらの降下火砕物の噴出後に、ステージ4では特記すべき現象が起きた。富士山で最新の岩なだれが発生したのである。

2900年前に、標高の高い東斜面が山体崩壊を起こし、東の方向に莫大な量の岩石と表層の土壌などを一気に流下させた。御殿場岩なだれと呼ばれている堆積物である。これについては第9章でくわしく述べる。

ステージ4の終わりに当たる2200年前には、山頂火口から大量のマグマを噴出した。これは富士山の山頂噴火としては最後のものであり、以後は現在まで山腹噴火しか起きていない。このときには、山頂でやや大規模なマグマの噴泉が起こり、麓にスコリアを大量にまき散らした。山頂付近に着地したマグマのしぶきは、そのまま固まって一部は溶岩のようなカチンカチンの岩石になった。これは溶結火砕岩と呼ばれる現象で、スコリアとマグマのしぶきが一緒になって再び固化したものである。

成層火山の山頂でスコリアの噴火が起きたときには、たいていこのような溶結火砕岩が山頂付近に残っている。これは「ザッハトルテ」と呼ばれるチョコレートケーキにたとえられる。すなわち、フワフワのスポンジケーキの上にチョコレートをかけてコーティングした状態である。コーティングによって硬くなった表面が内部を安定させるように、本来不安定な山頂がしっかりと固定されるため、富士山の最上部は円錐形の美しい形を保つことができたのである。

たとえば上部斜面の傾斜をくわしく見ると、このことが理解できる。一般に、山麓の傾斜よりも、山頂付近の傾斜が急になるのは、溶結火砕岩のおかげなのである。

なお、噴出したスコリアのすべてが溶結火砕岩になるわけではない。溶岩と同じようになったものの一部は、急傾斜の斜面を流れはじめることもある。また、そのあとに普通の溶岩流のように細長く下流まで達するものまである。これは二次溶岩流と呼ばれる現象で、富士山でも見ることができる。

ステージ5で頻発した山腹噴火

「ステージ5」は、2200年前から現在までである。今後の富士山の噴火を予測するうえで、このステージは最も重要な時期でもある。

ステージ5では、山麓斜面でやや小規模で爆発的な噴火をたくさん起こしたことで特徴づけられる。過去2200年間で富士山は少なくとも42回噴火したことがわかってきた。

数多くの火口が、富士山の北西と南東を結ぶ線上と、それに直交する北東の斜面の二つの線上にできている。たくさんの火砕丘がこの火口線上の付近で噴出したのである（第2章の図2－7参照）。これらの火口は最初にスコリアを放出し、しばらくのちに小規模の溶岩を流し出した。

現在残っている古文書から、ステージ5に属する個々の噴火の時期を特定できるものもある。これを年表で見てみよう（図6－6）。

たとえば、延暦噴火と呼ばれる800～802年の噴火では、スコリアと火山灰によって富士山頂の東南東を通る東海道（足柄路と呼ばれる）が遮断されてしまった（図6－7）。このため、東海道は火山灰を避けて新たに南側の箱根路を開き、これが現在まで受け継がれている。

次に起きた大きな噴火の記録は、貞観噴火と呼ばれる864年の噴火である。富士山の北西の山麓で大規模な割れ目噴火が起きた事件である（図6－8）。

このときには長さ6キロメートルにわたる長大な割れ目ができ、その上に火口がたくさんできた。ここから大量の溶岩が流出し、青木ヶ原溶岩と呼ばれる溶岩原となった。この溶岩は、当時の北麓にあった大きな湖（「剗海」と呼ばれていた）の中に流れ込み、その中央を陸化して湖を分断したのである。

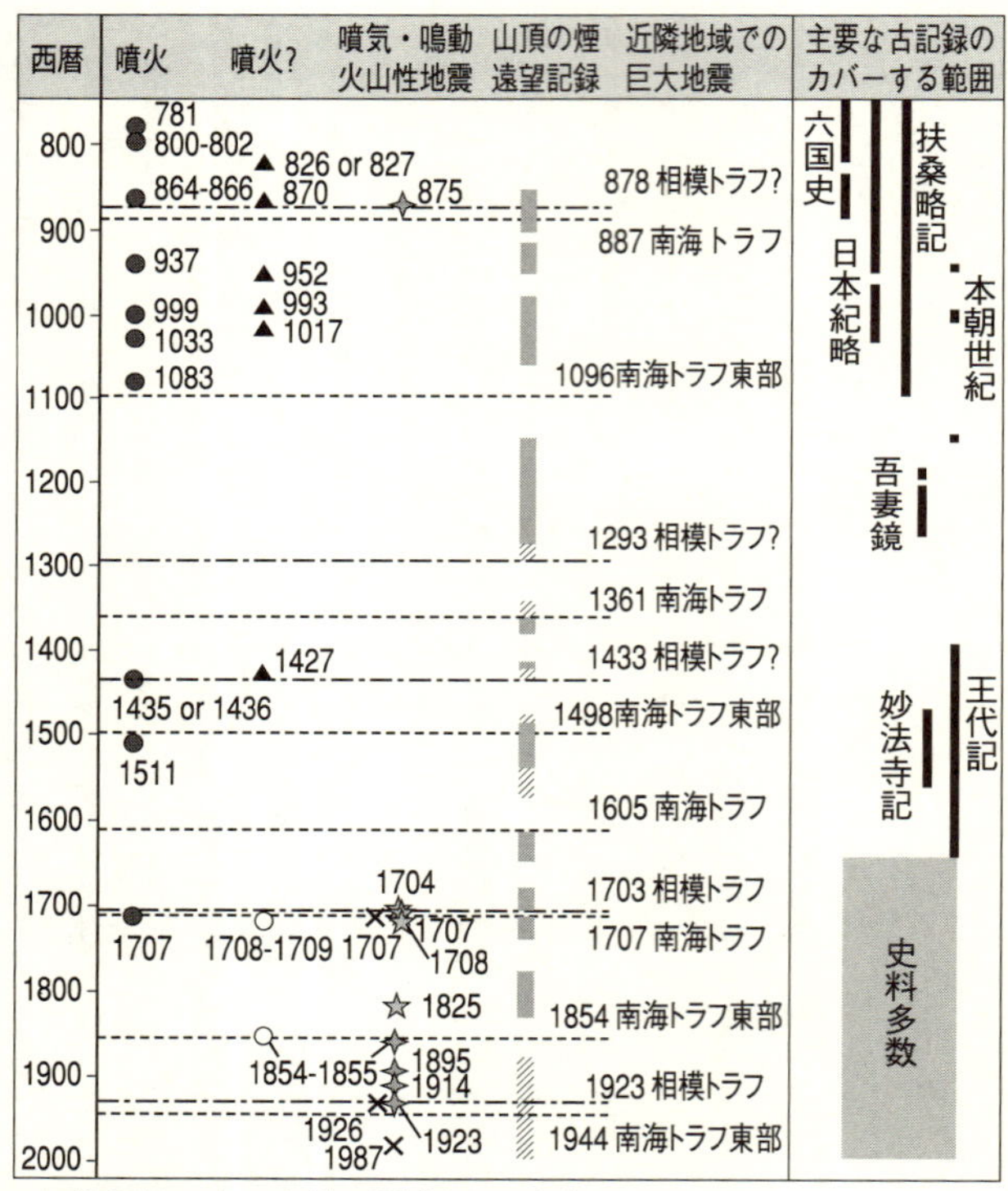

● 信頼性の高い史料に記述された噴火

○ 信頼性の高い史料の記述だが噴火とは断定できないもの

▲ 信頼性の劣る史料に記述された噴火

☆ 信頼性の高い史料に記述された鳴動事件　× 火山性地震?

✧ 地熱活動が急変した疑いのある事件

▬ 山頂に立ち昇る煙の遠望記録

▨ 山頂の煙の不見記録

図6－6　古文書から見た富士山の噴火・噴気などの記録と噴火の時期（小山真人氏による図を一部改変）

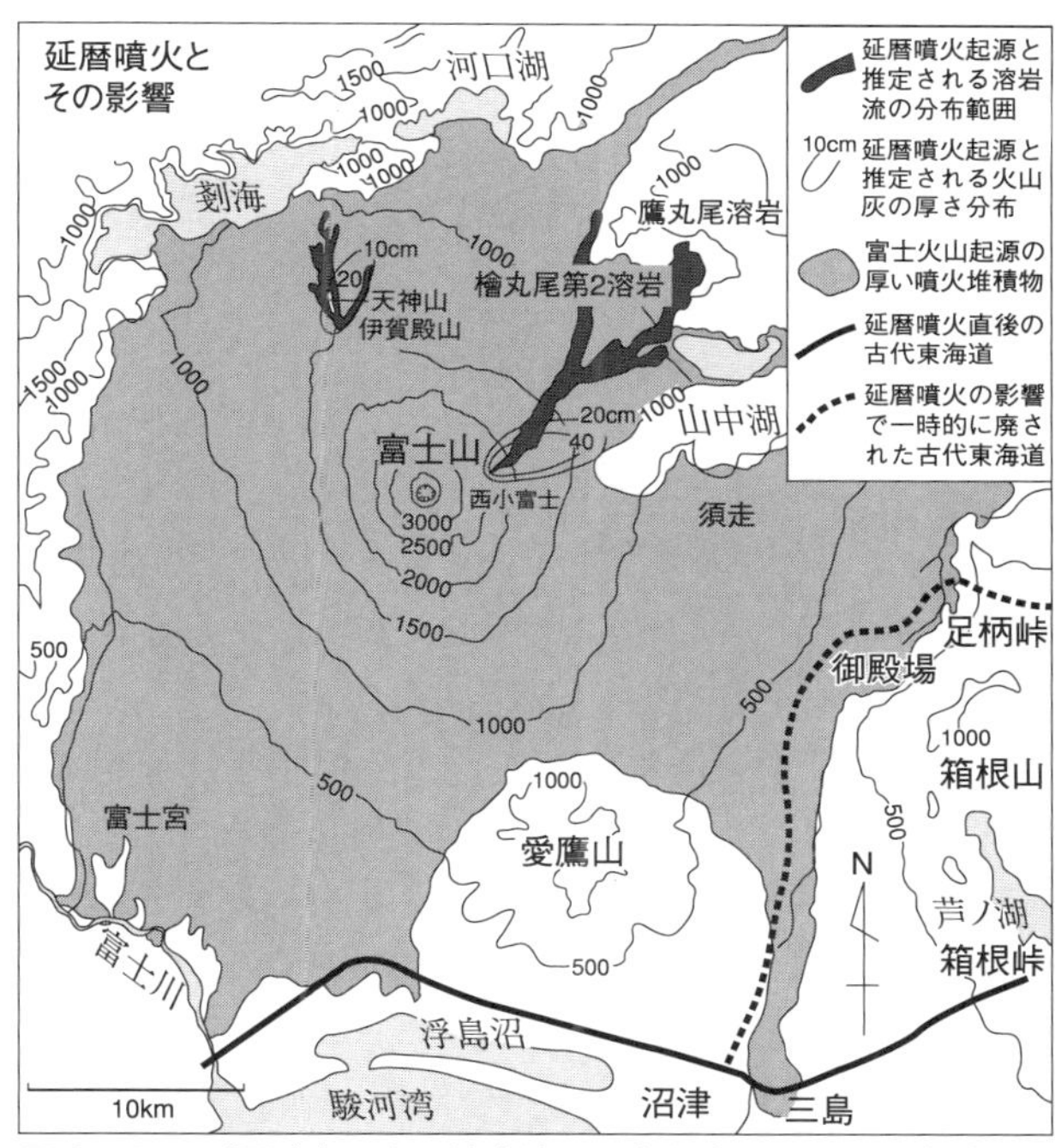

図6－7　延暦噴火による溶岩流の分布と変更された東海道
（小山真人氏による図を一部改変）

最近、剗海を埋め立てた溶岩の坑井掘削が行われた。その結果、青木ヶ原溶岩のマグマの総量は1・4立方キロメートルであることが判明し、富士山の歴史時代の噴火では最も多量のマグマを噴出した噴火であったことが明らかとなった。

その後、富士山の北麓では平安時代の10〜11世紀にも割れ目噴火が起こり、溶岩が大量に流れ出した。937年に噴出した剣丸尾（けんまるび）第一溶岩の最大のものは、20

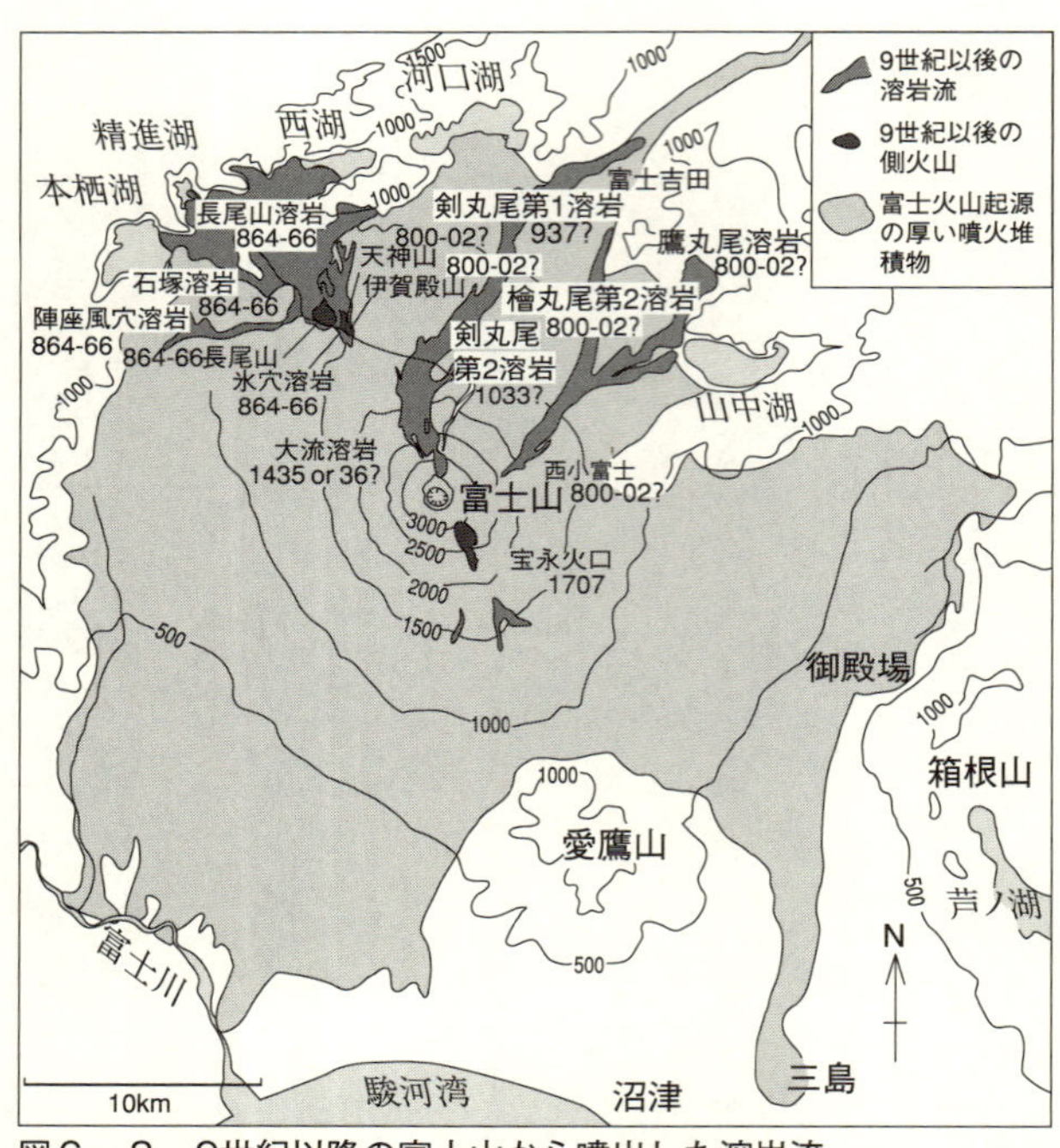

図6－8　9世紀以降の富士山から噴出した溶岩流
剗海（せのうみ）が分断されている（小山真人氏による）

キロメートル下流の富士吉田市（山梨県）まで流れている（図6－9）。実は11世紀の富士山では、山腹の2ヵ所が同時に噴火した可能性がある。山腹の北側の剣丸尾第1溶岩だけでなく、南側の「不動沢溶岩」（静岡県富士宮市）も、1015年ごろに噴火したことがわかっているのだ。

その後、流れ出た溶岩に残された当時の磁気の証拠（古地磁気と呼ばれる）を精密に測定したところ、地磁気の強さや磁場の方向が二つの溶岩で一致することが判明した。

図6－9　平安時代の937年に噴出した剣丸尾第一溶岩（町田洋氏撮影）

このことは南北の山腹にある二つの火口がほぼ同時に開いて、それぞれ溶岩流を流し出したことを意味する。古地磁気から推定される年代の誤差は15年くらいなので、両者が同時に噴火したことは十分に考えられる。

1707年の宝永噴火

さて、ステージ5の最後の活動は、これまでにもたびたび登場した1707年の宝永噴火である（本章扉の絵図を参照）。

この噴火はそれまでの噴火様式とはまったく異なり、白い軽石と黒いスコリアと火山灰を大量に噴き上げるという際立った特徴がある。

宝永噴火で噴出したマグマは0・7立方キロメートルであり、新富士火山になってから噴出した降下火砕物の量としては最も多い。この結果、南東の山

図6－10　宝永火口（破線で囲った大きな窪み）を南東側から見る

腹には直径約1キロメートルの巨大な火口をつくった（図6－10）。宝永火口である。

宝永火口からは大量の軽石とスコリアが噴出し、東方の山麓に厚く堆積した。これらの降下火砕物は、下部が白い軽石からなり、上部が黒いスコリアでできている。これは、宝永噴火の際に噴出したマグマの化学組成が時間とともに変化したことを意味している。プリニー式の大噴火を起こした宝永噴火は、富士山の噴火史のなかでも特異的なのである。先にも指摘したように、富士山は駿河トラフと相模トラフを陸上へ延長した線の交点に位置する（図6－3参照）。すなわち、フィリピン海プレートの沈み込み運動と噴火の相互関係が問題になるのだが、これについては巨大地震との連動というテーマで、あらためて第8章で述べよう。

なお、2200年前に始まったステージ5の噴火口は、基本的には山腹にできている。ただし、ステージ5に含まれる噴火のうち11世紀以降のものは、いずれも山頂からの噴火ではないとはいえ、火口の位置は標高３０００メートルを超える位置にできている。

このことから研究者の中には、富士山では山腹噴火の時期が終了し、山頂噴火を起こす新しい時期に入りつつあると考える人もいる。すなわち、宝永噴火から３００年以上も経った次の噴火が、これまで通りステージ5の山腹噴火を起こすのか、あるいは新たなステージ６の噴火を起こすのか、予断を許さないという見方である。

噴火はいつ、どこから？

富士山がいつ、どこから噴火するのか、という基本的な問いに答えるために、過去の噴火履歴の情報はたいへんに重要である。もしマグマが上がってくる位置が山頂の直下であれば、新たなステージ６への移行が考えられる。

そうではなく、かつて割れ目噴火を起こしたような山麓の下からマグマが上がってくれば、これまでのような山腹噴火が再開されるだろう。この場合には、標高の低い位置に火口が開き、周辺に住む住民や観光客を巻き込むおそれがある。

たとえば１０１５年に起きた可能性がある山腹の２ヵ所での同時噴火が発生すれば、被害エリアが想定域よりも拡大する可能性がある。国と山梨・静岡両県は現在のところ富士山の同時噴火を想定していないため、防災対策にも影響し、ハザードマップの改訂も必要となる。

山梨・静岡・神奈川県が合同で行う「富士山火山防災対策協議会」はハザードマップの改定を開始し、被害想定の前提となる想定火口範囲を拡大することにした。具体的には、2004年に作成されたハザードマップは過去3200年間に活動した火口を対象にしていたが、想定火口範囲を5600年前まで広げる。最近の研究で判明した火口など、将来噴火する可能性がある火口が追加され、こうした新知見をもとに噴石・火砕流や山体崩壊による被害範囲もハザードマップに反映させるなどの改訂が行われつつある。

将来、マグマが上昇する位置の予測は、地震や傾斜や重力の変化を対象とした地球物理学的な観測情報が役に立つ。つまり噴火履歴を解読する地質学的な長期予知と、現時点の動きを探る地球物理学的な短期予知の両方が必要なのである。この両者を組み合わせることで、「いつ」「どこから」という最も基本的な問いに答えることができる。

富士山が噴火する時期を日時まで予測することは、現在の技術では不可能である。しかし、噴火予知の研究成果とハザードマップをもとに、少しでも避難の役に立つ情報を提供できるように、専門家たちのたゆまぬ努力が続いている。

第7章
「3・11」は日本列島をどう変えたか

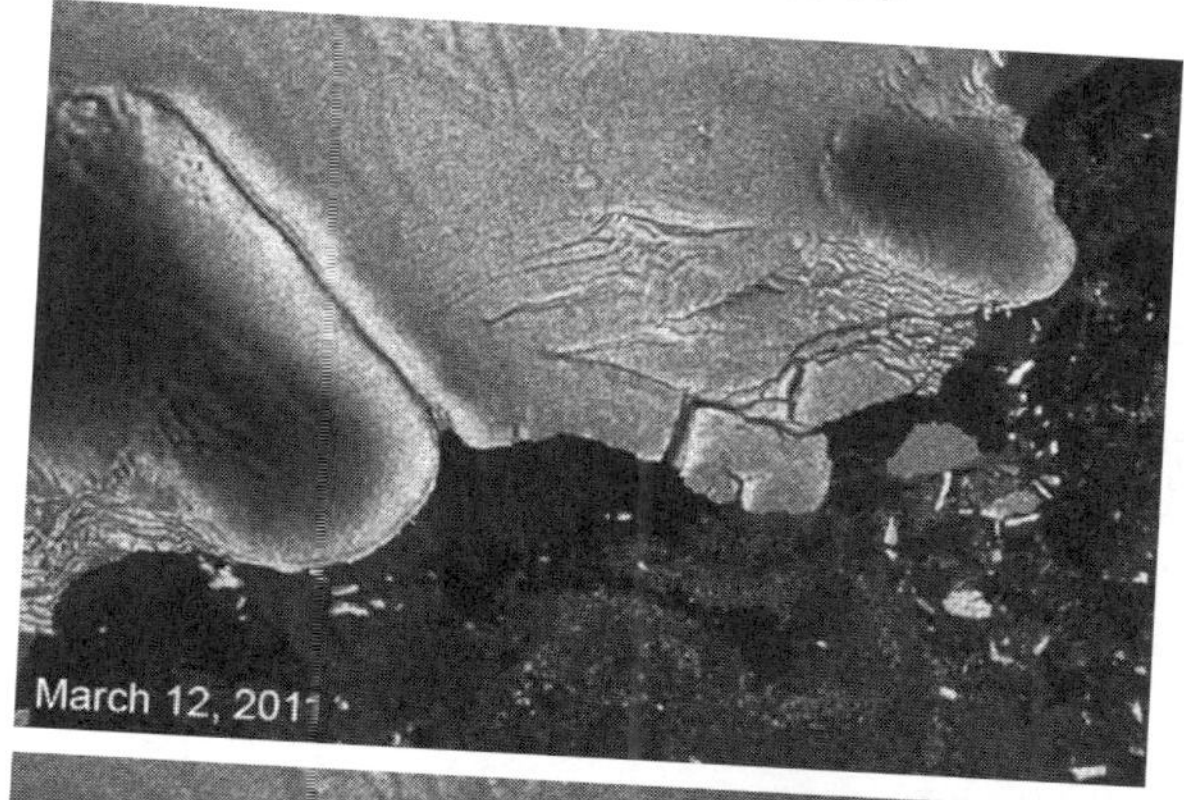

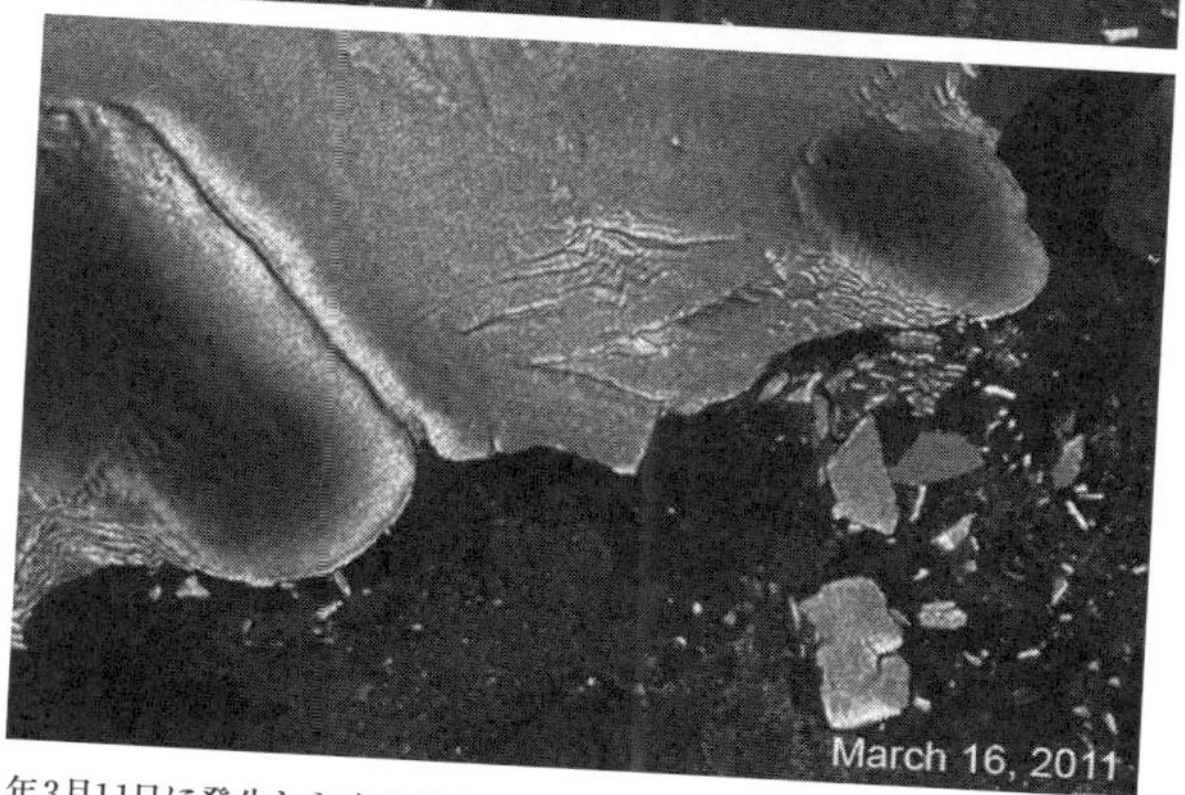

2011年3月11日に発生した東北地方太平洋沖地震の津波は18時間後に南極にまで到達し、厚さ80メートルの氷河の先端を砕いて氷山を分離させた（©NASA）
上：津波到達前の氷河（2011年3月12日撮影）
下：津波到達後に氷山が分離した氷河（2011年3月16日撮影）

2011年に日本に未曾有（みぞう）の大災害をもたらした巨大地震は、発生した日付をとって「3・11」と呼ばれている。これは米国で2001年9月11日にテロリストがニューヨークの世界貿易センタービルや国防省を襲った事件が「9・11」と語られることにも呼応している。その被害はあまりにも大きく、地震や津波の猛威を目の当たりにした人々は自然の圧倒的な力に打ちのめされ、人間の非力をまざまざと思い知らされた。「9・11」が米国と世界の状況を一変させてしまったように、「3・11」以降、日本列島をめぐる状況は大きく変わってしまったのだ。

本章では、東日本大震災が日本列島の地球科学的な状況にどのような影響を与えたのかを見ていこう。

東日本大震災はなぜ起きたか

3月11日午後2時46分から三陸沖を震源として発生した巨大地震は、地震情報を管轄する気象庁によってただちに「2011年東北地方太平洋沖地震」と命名された。翌日の3月12日に震災は全国を対象とする激甚災害に指定され、翌4月に政府は、地震と津波にともなう災害に対して「東日本大震災」と呼称することを閣議で決定した。

二つの名称が使われることに混乱する人も少なくなかったようだが、自然現象としての「地震」と、人が被害に遭う「震災」とでは呼び方を変えることが慣例となっている。

この地震は日本の観測史上最大規模であるだけでなく、世界的に見ても、歴代4位ともいえる超弩級の巨大地震だった。地震の規模を示すマグニチュード（M）は9・0に達し、これは1960年のチリ地震（M9・5）、1964年のアラスカ地震（M9・2）、2004年のスマトラ島沖地震（M9・1）などに次ぐ大きさだ。

マグニチュードの数字が1大きくなると、放出するエネルギーは32倍ほど増加する。M9・0の地震とは、放出エネルギーで見ると、1923年に関東大震災を起こした関東大地震（M7・9）の約50倍、1995年に阪神・淡路大震災を起こした兵庫県南部地震（M7・3）の約1400倍にもなるのである。

この地震によって海底は広い範囲にわたって5メートル以上も隆起し、大量の海水を持ち上げた。これが沿岸部に到達したときには、高さ15メートルを超える津波となり、最大40メートルの高さまで川と谷を遡上して、内陸部にまで甚大な被害を与えた。

歴史的に見て、東北地方の太平洋側はしばしば大津波に見舞われてきたが、この津波はその中でも最大級であった。歴史を振り返ると1100年以上前の平安時代（869年）に発生した貞観地震では、地震にともなう大津波によって約1000人の死者を出したが、この地震の規模はM8・4と推定されているので、それよりもはるかに大きく、文字どおり有史以来の巨大地震といっても過言ではない。

東日本大震災の発生は、地球科学の基本理論であるプレート・テクトニクスで説明できる。第6章で述べたように、日本では太平洋沖から移動してくる海のプレートが、日本列島を載せている陸のプレートの下に絶えず沈み込んでいる。具体的には、太平洋を広く覆う太平洋プレートが、200キロ沖合にある日本海溝から、東北・関東地方を載せた北米プレートの下へもぐり込むことによって発生した「海溝型地震」である（第6章の図6－2参照）。海溝とは、海のプレートが何千万年にもわたり無理やり沈み込むことによってできた、1000キロメートル以上も続く大きな溝状の谷である。ここで長い時間かけて蓄積された歪みに耐えきれなくなって、北米プレートが跳ね返ったのだ。

この海溝に沿って、「地震の巣」ともいえる地震をくり返し起こす領域があり、これを震源域と呼んでいる（図7－1）。

震源域では、プレートの跳ね返りによって岩盤が滑り、大地震のあとにも規模の小さな余震が数多く発生する。その面積は地震の規模に比例しているが、「3・11」では長さ500キロ、幅200キロという巨大な面積となり、岩盤が滑った距離は最大50メートルにも達していた。

これはそれまでの想定をはるかに上回る規模であり、その理由は、複数の地震が短時間に連動したために、巨大な震源域を形成したからである。このような巨大な震源域がつくられた例は世界でも珍しく、2004年12月にインド洋で発生し30万人を超える犠牲者を出したスマトラ島沖

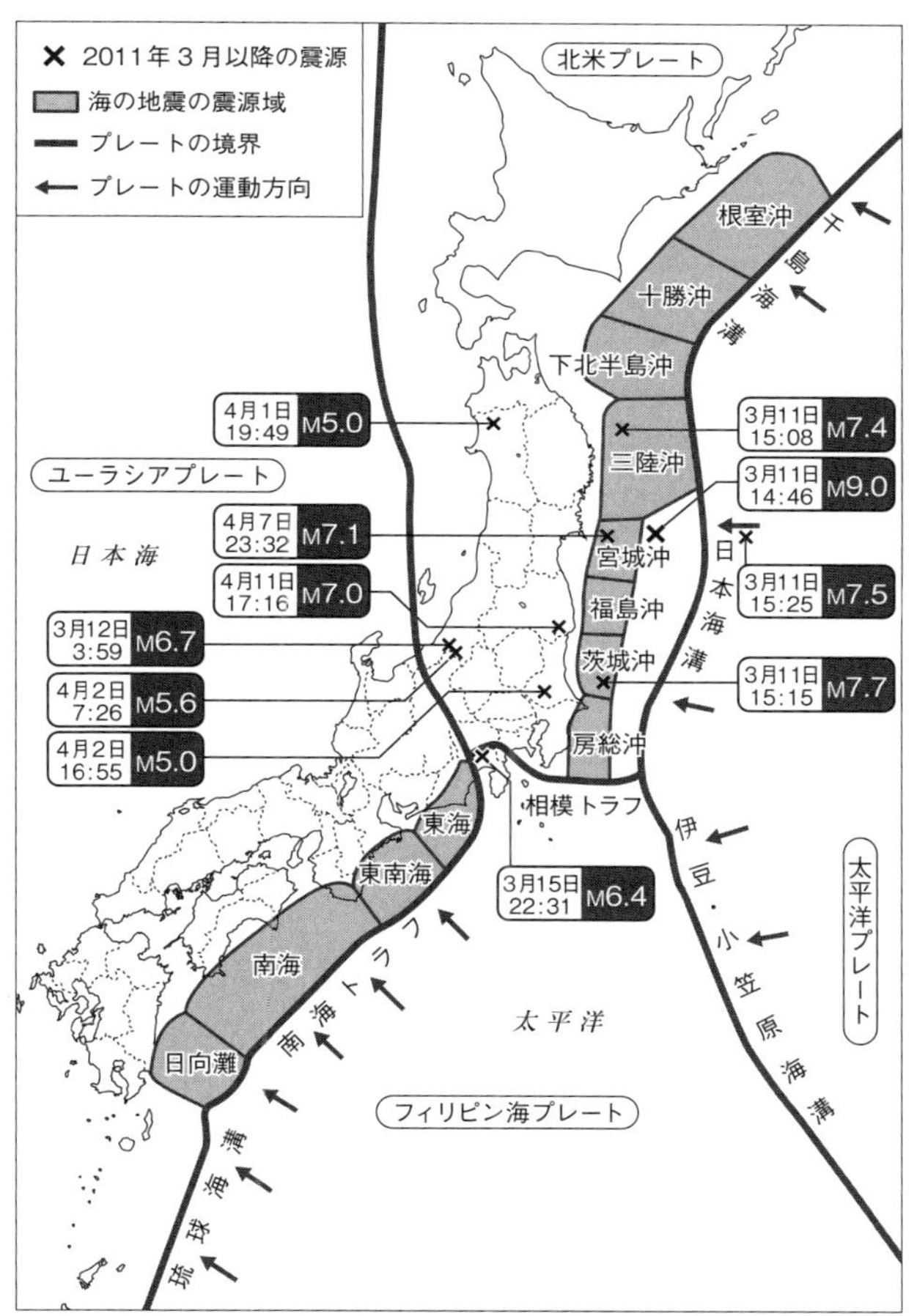

図7－1　日本列島周辺の巨大地震の震源域と、東日本大震災後に発生した地震の震源
(日時は2011年のもの。Mは地震のマグニチュードを示す)

地震はこのタイプだったが、いわゆる先進国がこの規模の巨大地震を経験したのは初めてのケースだった。

なぜ「直下型地震」が多発するようになったのか

東日本大震災のあとの日本列島では、震源域とはまったく関係のない陸域で、比較的規模の大きな地震が発生するようになった。翌日の3月12日には、長野県でM6・7の地震、いわゆる長野県北部地震が起きた。この地震は震度6強を記録し、東北から関西にかけての広い範囲に大きな揺れをもたらした。

これは典型的な内陸性の「直下型地震」だった。直下型地震では地面の下の浅いところで断層が動いて地震が起きるため、地表では大きな揺れが襲ってくる。たとえば、1995年の阪神・淡路大震災(兵庫南部地震)も直下型地震であり、このときも突然の大きな揺れに襲われたため逃げる時間がほとんどなく、建物が倒壊して数多くの犠牲者が出た。

ここで、日本列島で起きる二つのタイプの地震について、それぞれの特徴をおさえておこう(第6章の図6-2参照)。

第一のタイプは、いま述べた長野県北部地震や阪神・淡路大震災(兵庫県南部地震)、また、近年に発生した熊本地震や北海道胆振(いぶり)東部地震のように、内陸で起きる直下型地震(内陸型地震ともいう）である。これらは主に、地下の活断層が繰り返し動くことで発生する、マグニチュード7クラスの地震である。

もう一つのタイプは、海底で起きる地震である。これはプレートとプレートの境にある深くぐれた海溝で起きるので海溝型地震と呼ばれる。東日本大震災を起こした2011年東北地方太平洋沖地震はその典型だが、過去にも日本では、フィリピン海プレートの沈み込みによって東海地方から首都圏までを襲う東海地震や、中部関東から近畿四国にかけての広大な地域を襲う東南海地震、そして南海地震など、このタイプの地震が繰り返し起きている。

これらがいわゆる南海トラフ地震であり、内陸の地震に比べると解放されるエネルギーは数十倍にもなり、マグニチュード8クラスの巨大地震となる（図7－2）。しかも海溝型地震には、沿岸地域に大きな津波をもたらすという厄介なおまけまでついてくる。実際、1944年の東南海地震と1946年の南海地震では、津波によってそれぞれ1000人を超す犠牲者が出た。

さて、このように発生のメカニズムがまったく違うのだから、2011年3月11日に東北地方で起きた海溝型地震と、翌日に長野で起きた直下型地震（長野県北部地震）とは一見、無関係のように思えるが、実はそうではないのである。

「3・11」は、東日本を載せている北米プレート上の地盤を変えてしまった。実際、地震後に日本列島は最大5・3メートルも太平洋側に移動した（図7－3）。さらに、太平洋岸では地盤が

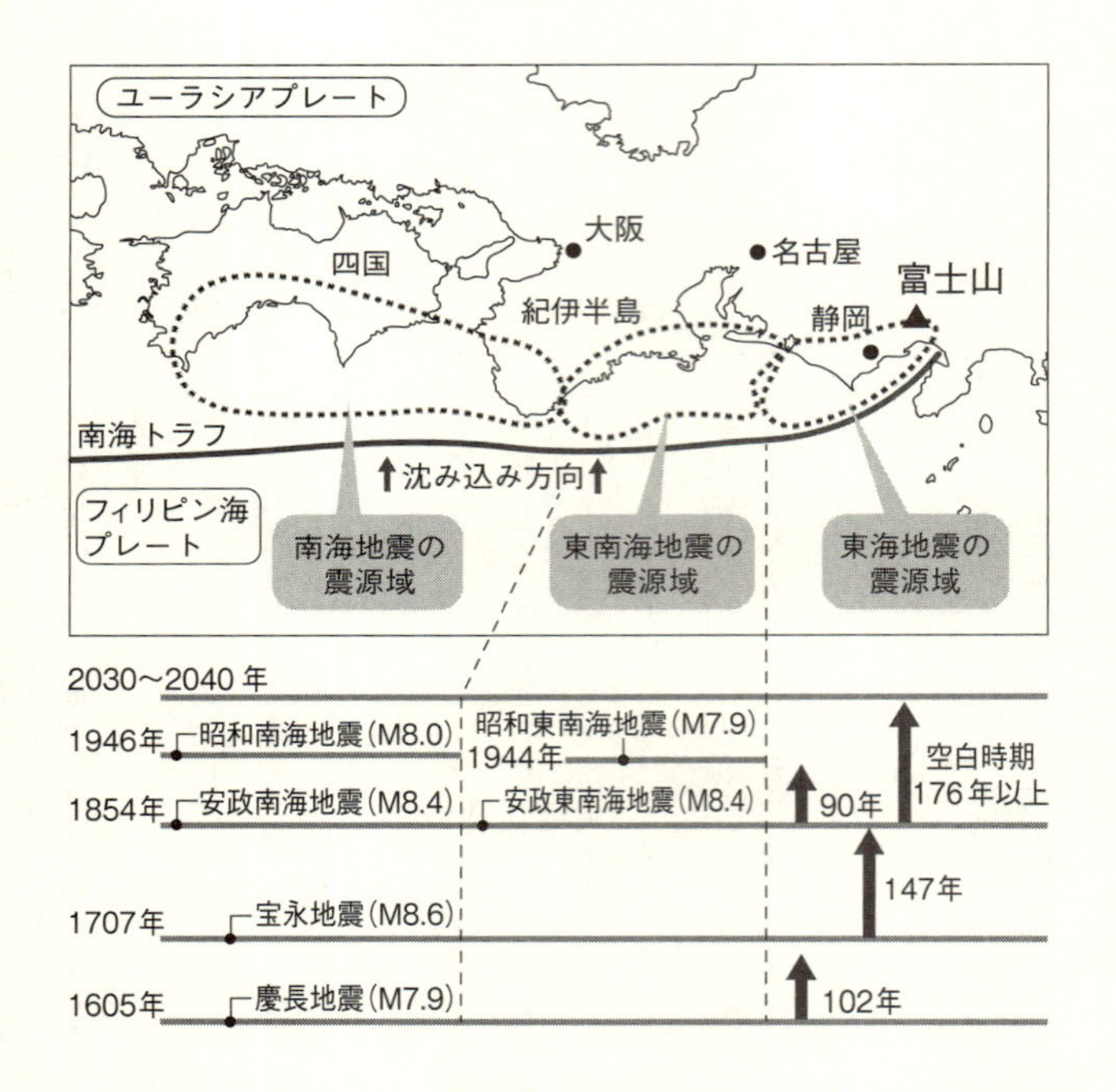

図7－2　南海トラフ巨大地震の震源域と、それぞれにおける過去の発生事例

南海トラフには東海地震、東南海地震、南海地震の３つの震源域がある。江戸時代の宝永地震では３つの震源域がすべて連動した

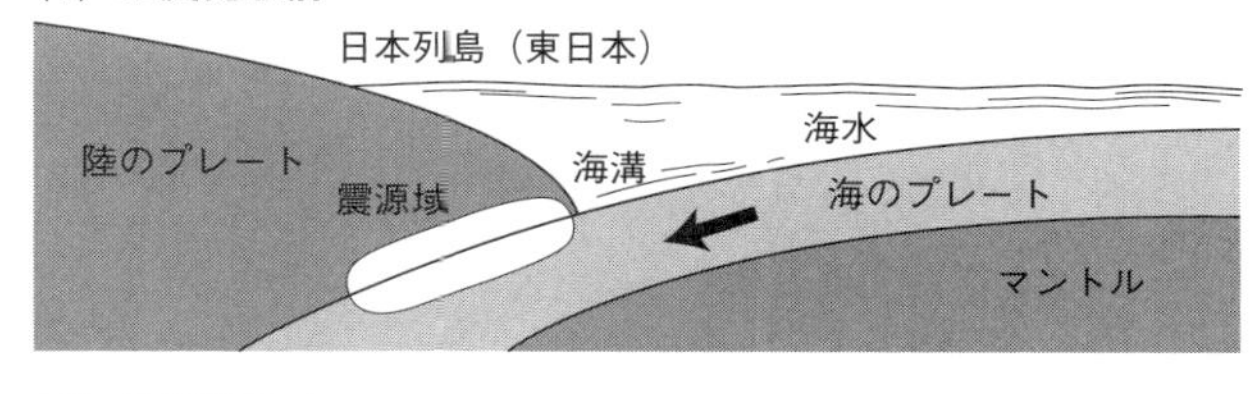

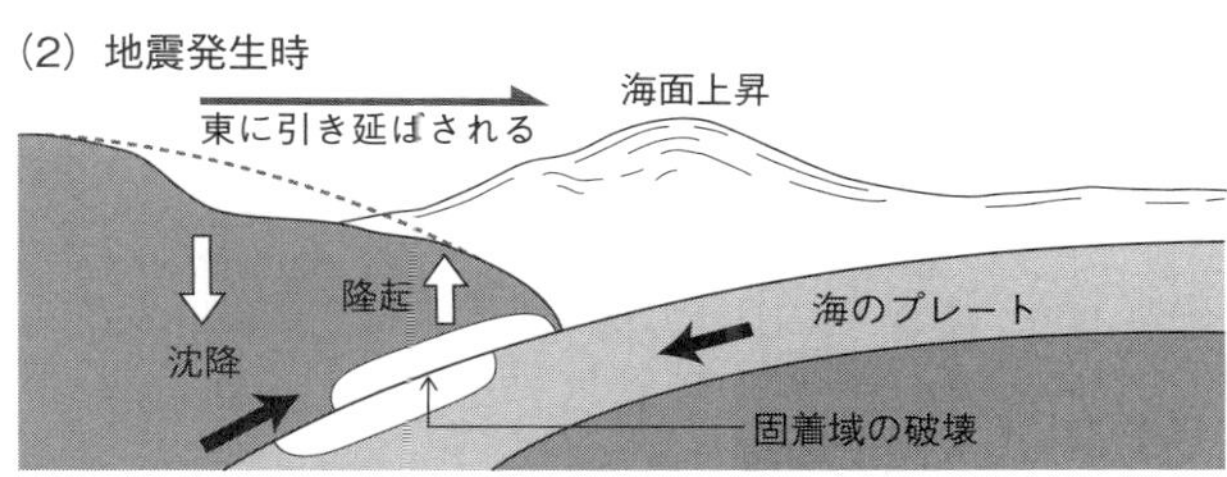

図7-3 東日本大震災の発生前後の地盤の動き

最大1・6メートルも沈降したことが観測された。この現象は、日本列島が東北地方から関東地方にかけての太平洋側で、東西に少し広がり、また、一部の地域が沈降したことを意味する(図7-3の下)。これは海溝型の巨大地震が起きたあとによく見られる現象でもある。

その結果、現在の日本列島の東半分は、東西に引っ張られる力がたえず加えられている状態にある。この力が、あるとき岩盤の弱い部分を破壊して、断層が生じる。こうした断層には正断層、逆断層、横ずれ断層などがあるが、互いに引っ張られることで生じる断層を正断層という(図7-4)。

「3・11」より前には、東西から押されるような力が日本列島全体に加わっていた。その結果、東北地方には逆断層が多くできていた。ところが

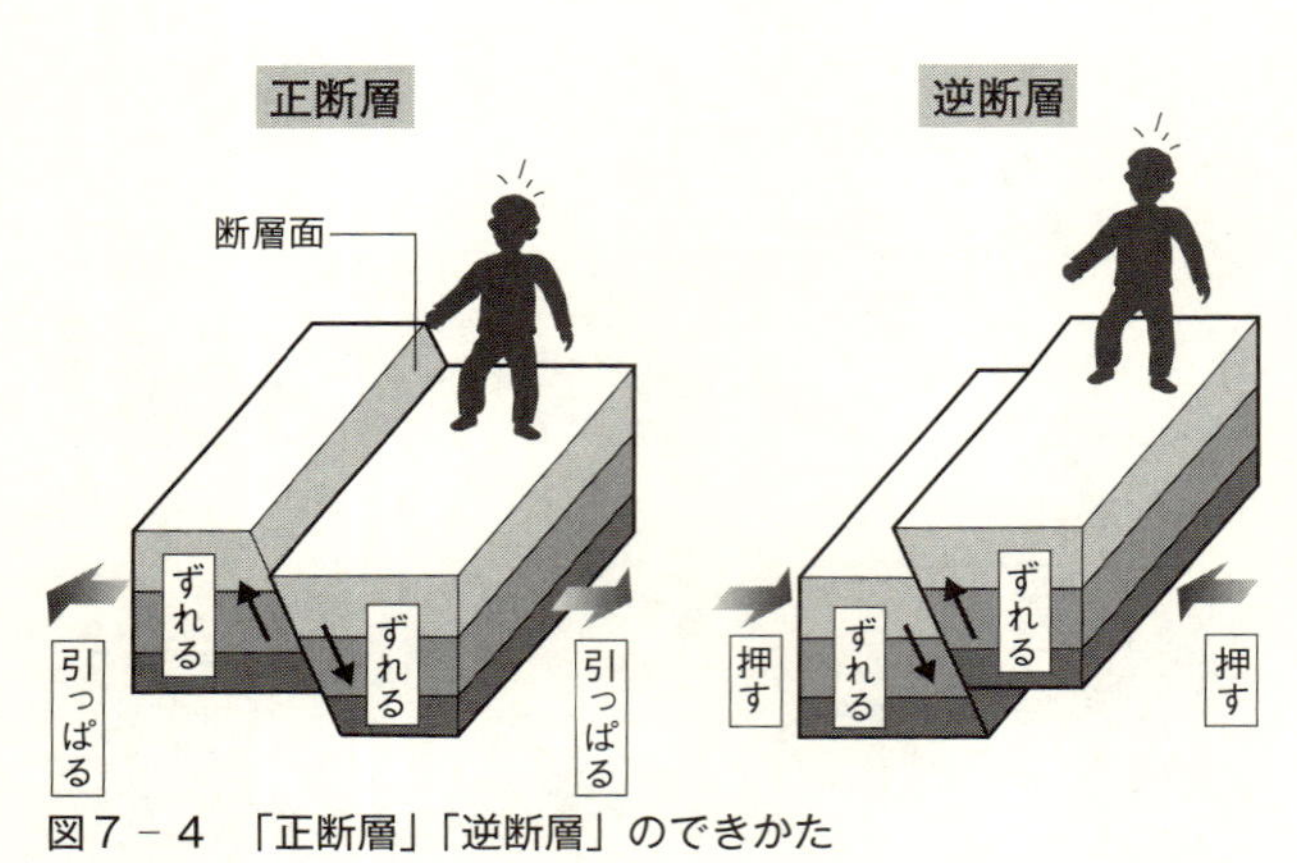

図7－4　「正断層」「逆断層」のできかた

「3・11」以後は反対に引っ張られる力へと変化したために、正断層ができるようになった。このように、加わる力の向きが正反対に変わってしまい、逆断層型から正断層型へと変化したために、「3・11」以降に直下型地震が多発するようになったのである。

非常に困ったことに、こうした正断層がどこで起きるのかを予測するのは非常に難しい。ある日突然、活断層がある地域の岩盤の弱い部分が割れる、ということしか言えないのだ。「3・11」以降、日本ではこれまで地震が起きなかった地域でも地震が起きるようになったが、今後30年くらいは、いつ直下型地震が起きてもおかしくないと考えたほうがよいだろう。

2030年代に起こる海溝型巨大地震

海溝型地震は直下型地震と比べると、ある程度は規則正しく起こってきた履歴が残っている。つまり、数十年から100年に1回くらいの周期性をもって発生しているため、次にいつ起こるかという予測も、ある程度は立てやすい。実際に、東海地震と南海・東南海地震では、過去の履歴がくわしく調べられ、将来起こる時期とその確率が国から発表されている。

たとえば、東海地方から近畿・四国地方にかけての今後の海溝型地震発生の可能性（2019年時点での今後30年以内の発生確率）は、東南海地震が70パーセント、南海地震が70〜80パーセントと予測されている。

これらの地震は静岡・名古屋・大阪といった太平洋側の都市に激しい揺れをもたらすだけでなく、沿岸部を襲う大津波によっても大きな被害をもたらすものだ（第8章の章扉写真参照）。

ただ、地震の発生時期について、このように発生確率を示されてもわかりにくいと思われる方も多いと思う。そこで私は、「西暦2030年代には発生する」という言い方で警鐘を鳴らしてきた（拙著『西日本大震災に備えよ』PHP新書を参照）。すなわち中央値の2030年±5年に起きると予測しているのだが、いずれにせよ2040年頃までにマグニチュード9クラスの巨大地震がこの海域で発生する可能性が非常に高い。そしてそれは、すでに新聞やテレビで盛んに報道されている通り、東海地震・東南海地震・南海地震の三つが同時発生する超巨大地震、いわゆる「南海トラフ巨大地震」となる可能性がきわめて高いのである。

のちの章でくわしく述べるが、南海トラフ巨大地震で予測されている被害の大きさは、「3・

11」の比ではない。日本列島に住むすべての人々の生命と安全を脅かし、いまこのときも日本人の将来設計に影響を及ぼす甚大災害といっても過言ではないだろう。

活火山が動きはじめた

話を戻そう。「3・11」が日本列島にもたらした影響は、断層の変化による直下型地震の多発だけではない。海域でこのような海溝型の巨大地震が発生すると、数ヵ月から数年以内に、活火山の噴火を誘発することがあるのだ。これは地盤にかかっている力が変化した結果、マグマの動きが活発化するためと考えられる。

20世紀以降、M9クラスの地震は全世界で8回起きているが、ほとんどのケースで、遅くとも地震の数年後に震源域の近傍の活火山で大噴火が発生している。具体的に見てみよう。

1952年にロシアのカムチャツカ半島で起きたM9・0の地震の翌日に、カルピンスキ火山が噴火した。また、3ヵ月以内に二つの火山が、さらに3年後にベズイミアニ火山が1000年ぶりに大噴火した。

1957年のM9のアリューシャン地震の4日後に、ヴゼヴェドフ火山が噴火した。1960年に起きた世界最大M9・5のチリ地震の2日後に、コルドンカウジェ火山が噴火し、また一年以内に三つの火山が噴火した。

さらに1964年のM9・2のアラスカ地震の2ヶ月後に、トライデント火山が噴火し、また2年後にリダウト火山が噴火した。

とくにわれわれの記憶に新しいのは、スマトラ沖で起こった2つの巨大地震（2004年12月のM9・1と2005年3月のM8・6）だろう。このあと、インドネシアでは2005年4月から複数の火山が次々と活動を開始した。スマトラ島のタラン火山が火山灰を噴き出し、4万人を超える住民が避難した。スマトラ島の東隣のジャワ島にあるタンクバン・プラフ火山や、火山島アナク・クラカタウの地下では、火山性の地震が起きはじめた。2006年5月からはジャワ島にあるメラピ火山が噴火を開始し、たびたび噴出する火砕流によって2010年の噴火では300人を超える犠牲者を出した。

インドネシアは日本と同じく、海のプレートの沈み込みによって火山の噴火が起きる世界有数の変動帯にある。インドネシア国内に存在する活火山の総数129個は、日本の111個とほぼ同じで、両者は地下の条件が非常によく似ている。したがって、スマトラ島沖地震後にインドネシア国内で噴火が誘発されたのと同様の懸念は、日本列島においてもありうるのだ。

実際に日本でも、東北地方で起きた巨大地震のあとに火山活動が活発化した記録が残っている。たとえば「3・11」との類似性が指摘されている869年の貞観地震では、その2年後に秋田県と山形県の県境にある鳥海山が噴火した（表7－1）。また、46年後の915年には青森県

平安時代		震源	現代	
850年	三宅島噴火		2000年	有珠山噴火、三宅島噴火
863年	越中・越後地震	新潟県中越地方	2004年	新潟県中越地震（M6.8）
864年	富士山噴火		2009年	浅間山噴火
867年	阿蘇山噴火		2011年	新燃岳噴火
869年	貞観地震	宮城県沖	2011年	東日本大震災（M9.0）
871年	鳥海山噴火		2013年	西之島噴火
874年	開聞岳噴火		2014年	御嶽山噴火、阿蘇山噴火
878年	相模・武蔵地震	関東地方南部	不確定	首都直下地震（M7.3）
886年	新島噴火			
887年	仁和地震	南海トラフ	2030年代	南海トラフ巨大地震（M9.1）

表7－1　9世紀と現代の噴火と地震の年代比較

と秋田県の県境にある十和田湖が大噴火し、その火山灰は東北地方を覆ったばかりか、800キロメートル離れた京都にまで及んでいる。ちなみに、十和田火山は定期的に巨大噴火を起こしてきた日本有数の活火山であり、十和田湖とはその結果として形成されたカルデラ湖である。915年の噴火は日本列島で過去2000年間に起きた噴火では最大規模のものだった。

そして「3・11」以後でも、いくつかの活火山の地下では活動が大きくなり、地震が増加している。たとえば、浅間山、草津白根山、箱根山、焼岳、乗鞍岳、白山など20個ほどの火山の地下では、東北での地震発生直後から小規模の地震が急増した（図7－5）。そして2014年9月には、御嶽山で60名以上の犠牲者を出すという戦後最大の噴火災害が発生した。

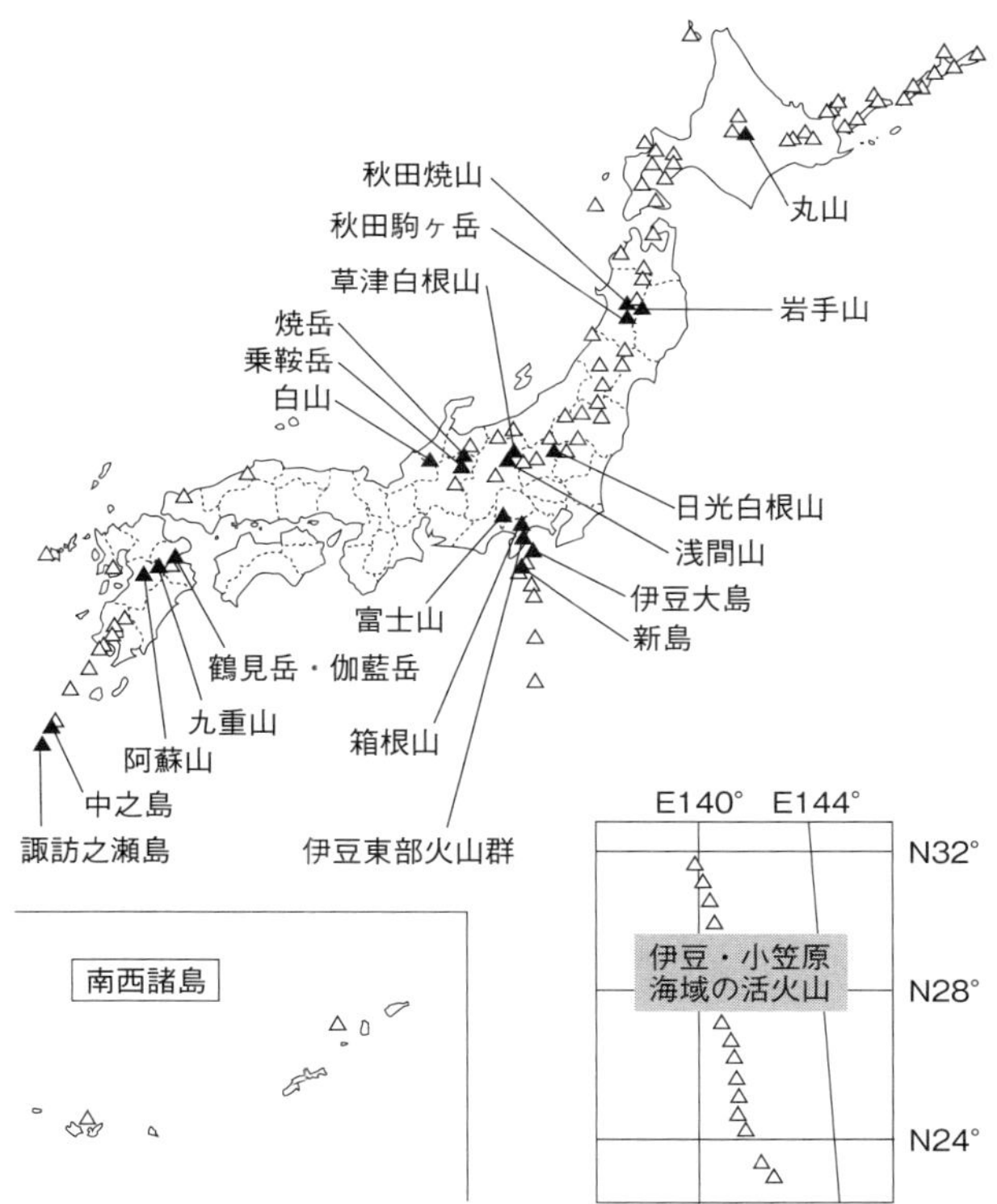

図7－5　日本列島の活火山（△印）のうち、東日本大震災の直後から地下で地震が起きはじめた20山（▲印）

また、2016年4月にはM7・3の熊本地震が起こり、熊本から大分までの広い範囲に震源が拡大するという前代未聞の災害があった。さらにこのあと、熊本と大分の中間にある阿蘇山が噴火している。さらに2018年1月には、草津白根火山で噴火災害が発生し、1名が亡くなった。

このようにM9・1の東日本大震災が起きたあとの日本列島では、それ以前に比べると明らかに火山活動が活発化しているのである。

巨大地震と噴火の直接的な因果関係はいまだに不明な点があるのだが、この20個の活火山のほかでも、噴火が始まる可能性は考えなければならないだろう。「3・11」で生じた地盤の歪みが元に戻るには何十年もかかるので、今後の数十年間は、すべての活火山を厳重に監視する必要がある。もちろん、富士山も例外ではない。これについては次章でくわしく取り上げよう。

第8章
南海トラフ巨大地震との連動はあるか

1946年12月21日の昭和南海地震で陸へ押し流された漁船(上)と、倒壊した家屋(下)。高知県庁ホームページより

「3・11」から4日後の2011年3月15日、富士山の地下でM6・4の地震が発生した。最大震度6強という強い揺れがあり、静岡県富士宮市内では2万世帯が停電した。

このとき、火山学者たちは、富士山の地下深いところで異変が起きたのではないかと、一様に青ざめた。幸いにも、私たち専門家が抱いた強い懸念はいまだに現実となってはいない。だが、このときを境に富士山が新しいフェーズに入ってしまった可能性はきわめて高いのである。

噴火の物理モデル

まず、第2章でも述べた活火山の噴火が起きるしくみについて、あらためてくわしく説明しておこう。

噴火とは、活火山の地下のマグマが地上に出てくる現象のことである。地表から10キロメートルほど下には、高温で液体のマグマがたまっている空間がある。こうした場所は「マグマだまり」と呼ばれており、一般的に、丸い袋のような球状の形に描かれることが多い。

多くの活火山の下で、閉じた球状のマグマだまりが存在していることが、地震波の観測などによって確かめられている。基本的には、ここから何らかのきっかけによってマグマが地表まで上昇することで、噴火が起こるのである。

マグマがマグマだまりから地上へ噴出するには、三つのモデルがある(図8－1)。ここで

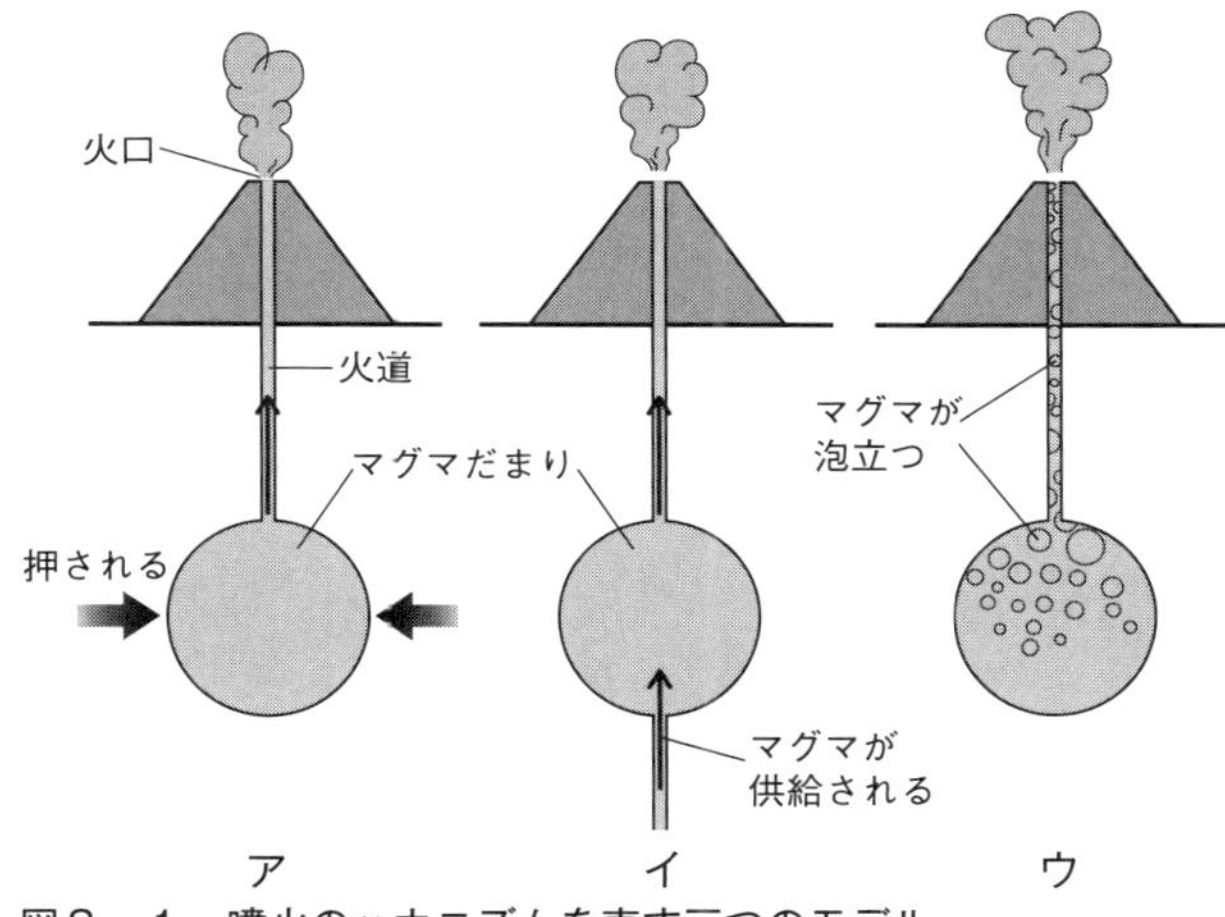

図8－1　噴火のメカニズムを表す三つのモデル

「モデル」というのは、自然現象のしくみを人間が理解するためにわかりやすく簡略化したものである。地球科学では物理や化学や数学を使って自然現象を数量化しているわけだが、こうしたモデルはしばしば「物理モデル」とも呼ばれる。たとえば、第2章で富士山の地下を説明したときに立体的に描いた「水車モデル」も、物理モデルの一つである（第2章図2－6A参照）。

第1のモデル――マグマが絞り出される

さて、マグマが噴出する一番目のモデルは、外から圧力がかかってマグマが絞り出されるというしくみである（図8－1ア）。マヨネーズのチューブを押すと中身が絞り出されてくるように、マグマだまりに対して周囲から圧力が加わったとき、液体のマグマが絞り出されて上へ向かって動きだすのだ。

通例、マグマだまりの上には、細い管が地表まで伸びている。これは第2章でも述べたマグマが上昇する通路で、火道と呼ばれている。火道は過去に何回も火山が噴火した際に、マグマがそのつどそこを通ったことを示している。

火山が活動を休止している期間には、冷えたマグマがこの火道をふさいでいる。しかし噴火が始まると、再び火道がこじあけられる。たとえば、マグマだまりの中の圧力が一定以上になると、マグマが上に出ようとする。このとき、以前使った通路を通るほうが、新しく通路を開けるよりもエネルギーが少なくてすむので、マグマは同じ火道を通ろうとする。そして火道を通ったマグマが地上に出たところが「火口」となる。このようにして地下のマグマは、マグマだまり→火道→火口という通路を繰り返し使って何十万年もの長いあいだ噴火しているのである。

第2のモデル――マグマが足される

次は、別の原因による二番目のモデルである。それは、マグマだまりの下についている管から、マグマが供給されるというケースだ（図8-1イ）。

多くの火山では、噴火の休止期にも、下からゆっくりとマグマが注入されている。そしてマグマだまりに入る限界を超えたとき、閉じこめられていた液体は圧力の低いところを求めて、ゆっくりと上へ移動する。これによって噴火が始まるのである。

実際に、噴火が起きる前にはマグマだまりがふくらみ始める。ある程度までふくらむと、マグマは火道を上昇してゆく。

その後、噴火が続いてある程度のマグマが出ると、マグマを上に押しやる力がなくなる。こうなると噴火はいったん停止する。一方、噴火を休んでいるときにも、下からは徐々にマグマが供給されている。よって、しばらく時間がたって再び満杯になると、次の噴火が始まる。

ほとんどの火山が、このような繰り返しの歴史をもっている。換言すれば、大部分の火山では、噴火は1回だけで終わるのではない。何万年という長いあいだに、何百回も噴火が起きるのが普通である。その結果、日本列島の火山はどれもが100万年にも及ぶきわめて長い寿命を維持している。

第3のモデル——マグマが泡立つ

三番目として、マグマがみずから上昇するというモデルがある（図8－1ウ）。これは「泡立ち」という現象にともなって起きる噴火である。

マグマの中には、水が5パーセントほど溶けこんでいる。灼熱のマグマに水というとイメージしにくいかもしれないが、マグマだまりの中を満たす高温の液体の20分の1くらいは水なのである。といっても常態の水ではなく、高温・高圧でイオン化した状態の水がマグマに溶け込んでいるのだ。

あるとき、この水が泡立って気体の水蒸気になる。一般に、水は水蒸気になると体積が1000倍ほどに増える。マグマの中に水蒸気の泡がたくさん発生すると、液体マグマ全体が泡立つ前よりも膨張する。したがってマグマ全体の密度が下がって浮力が大きくなり、マグマは上昇しはじめる。このモデルのポイントは、マグマ自身が浮きやすくなることで上昇する、というところにある。

なお、泡立ちは、基本的にはマグマだまりの上方の領域で発生する。というのは、マグマだまりの中の圧力がより小さい場所でこうした泡立ちが始まるからである。そして軽い泡はさらに上に移動し、液体のマグマといっしょになって火道を上昇する。火道を昇るとさらに圧力が下がるため、泡立ちが加速され、マグマ全体の体積が増える。こうして泡だらけになったマグマが、最後に火口から勢いよく噴出するのである。

マグマが泡立ちはじめるのは、外部から何らかのきっかけが与えられた場合である。たとえば、マグマだまりが激しく揺すられるなどによって開始する。するとマグマは上昇し、上昇するとさらに泡立つという現象が連鎖的に起きる。すなわち、最初のきっかけが与えられると、泡立つ方向にすべてが進行するのである。

第1と第2のモデルがマグマを「絞り出す」のに対して、第3のモデルではマグマが「あふれ出す」といってもよいだろう。

ちなみに、液体マグマに溶け込んでいるガス成分には水（水蒸気）のほかに二酸化炭素がある。そのほかに二酸化硫黄と塩化水素が入っていることもある。火山を訪れると硫黄臭がするのは、マグマに溶け込んだ二酸化硫黄や塩化水素のせいである。マグマ中のガス成分は重量でいうといずれも数パーセント程度だが、その大部分は水（水蒸気）であることからも、水が噴火における大事なカギであることがわかるだろう。

このほか、液体マグマの中には鉱物の結晶も含まれている。この結晶が噴火を非常に変化に富んだものにしている。また、結晶が成長すると噴火の引き金を引くという不思議な現象も知られているのだが、ここから先は大学院向けの「火山学」で講義する内容になるので、興味のある方は拙著『地球は火山がつくった』（岩波ジュニア新書）を参照していただきたい。

このように三つの物理モデルを見ると、いずれにしても、噴火においてはマグマだまりにおけるマグマの動向が大きなカギを握っていることがわかる。

ただし、地下のマグマが噴火に至るまでにはいくつものプロセスがあり、予想が裏切られることもしばしばある。何千年もの間、じっとしている「休止期」にあった火山が突然、噴火することもある。そうしたさまざまな事象の原因をひとつひとつ、明らかにしていくのが火山学者の仕事である。

宝永噴火を起こしたのは巨大地震だった

活火山が噴火する基本的なしくみを踏まえたところでいよいよ、「3・11」以降の富士山について検討していこう。M9クラスの巨大地震後には噴火が誘発される可能性が高いことを前章で見てきたが、富士山はどうなのだろうか。

これまで何度か述べたように、平安時代前期の864年に、富士山は大噴火を起こした。富士山の歴史上、もっとも大量のマグマを噴出した貞観噴火である。そして、それに次ぐ大きな噴火が、江戸時代の1707年に起きた宝永噴火だった。これは現在までに富士山で起きた最後の噴火でもある。そしてこの噴火が、巨大地震によって誘発されたものだったのだ。

宝永噴火の直前に、太平洋で二つの巨大地震が発生した。まず1703年に、元禄関東地震（M8・2）が起きた。この地震は南関東一円に大きな被害を与え、直後に起きた津波による死者を合わせると1万人以上の犠牲者が出たとされている。その35日後に、富士山は鳴動を始めた。さらに4年後の1707年には、宝永地震（M8・6）が発生した（第7章の図7－2参照）。この地震こそは、約100年おきにやってくる南海トラフ巨大地震の一つである。

宝永地震の49日後、富士山は南東斜面からマグマを噴出し、江戸の街に大量の火山灰を降らせ

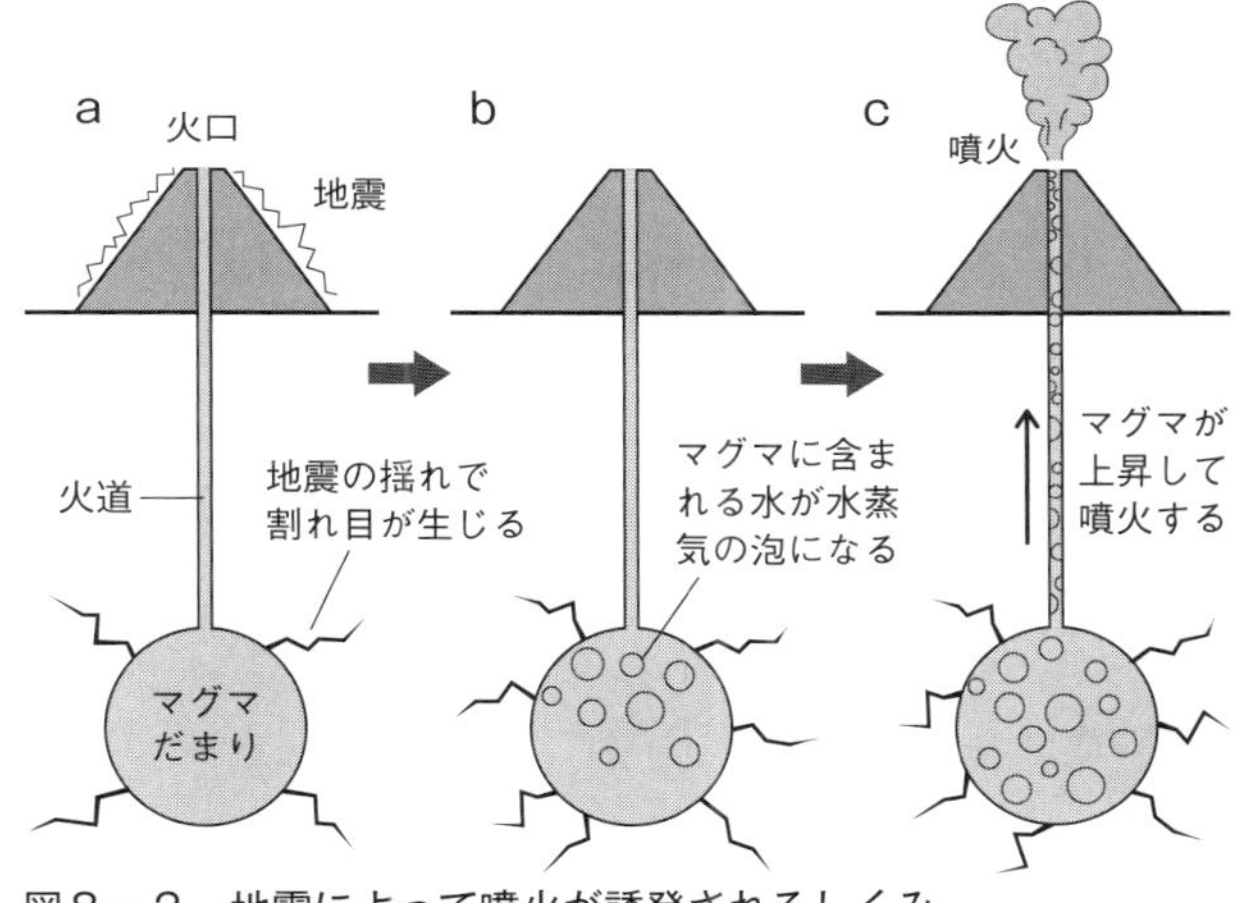

図8－2　地震によって噴火が誘発されるしくみ

た。第1章でも述べたように、火山灰は2週間以上も降りつづき、横浜で10センチメートル、江戸でも5センチメートルの厚さになった。灰は太陽を隠し、昼間でもうす暗くなったという新井白石による記録（『折りたく柴の記』）が残っている。

新幹線の車窓から富士山を見ると、中腹にぽっかりと大きな穴が開いていることに気づく。これはそのときの火口で、宝永火口と呼ばれている（第6章の図6－10参照）。宝永噴火は、富士山の噴火史でもマグマの総噴出量が二番目という巨大噴火だった。

宝永噴火の原因は、直前に起きた二つの巨大地震が地下のマグマだまりに何らかの影響を与えたためではないかと考えられている。具体的には、地震によってマグマだまりの周囲に割れ目ができたことで、噴火が引き起こされた可能性がある

（図8－2）。

先ほど述べたように、マグマには5パーセントほど水分が含まれている。マグマだまりに割れ目ができることでマグマだまり内部の圧力が下がると、この水が水蒸気となって沸騰し、体積が1000倍ほど増える。その結果、図8－1ウで説明したように、マグマは外に出ようとして火道を上昇し、地表の火口から噴火する。このようなプロセスで、直近に起きた巨大地震が宝永噴火を引き起こしたと考えられるのである。

巨大地震が富士山噴火を誘発した例としてはもう一つ、室町時代の1435年に起きた噴火がそれであると考えられる。この2年前の1433年に、相模トラフ沿いに巨大地震が発生し、関東地方で被害を出している。古い時代なので宝永噴火ほど状況がよくわかっていないのだが、これも巨大地震と富士山噴火が連動したケースとみてよいだろう。

富士山噴火とフィリピン海プレートの関係

過去に富士山噴火を誘発したこれらの巨大地震はいずれも、フィリピン海プレートが沈み込む南海トラフや相模トラフで起きている。これは第6章でも述べたとおり、富士山という火山が、駿河トラフ（南海トラフの延長）と相模トラフを、それぞれ陸上へ延長させた線の交点に位置しているためである（第6章の図6－3参照）。すなわち、フィリピン海プレートの南海トラフ

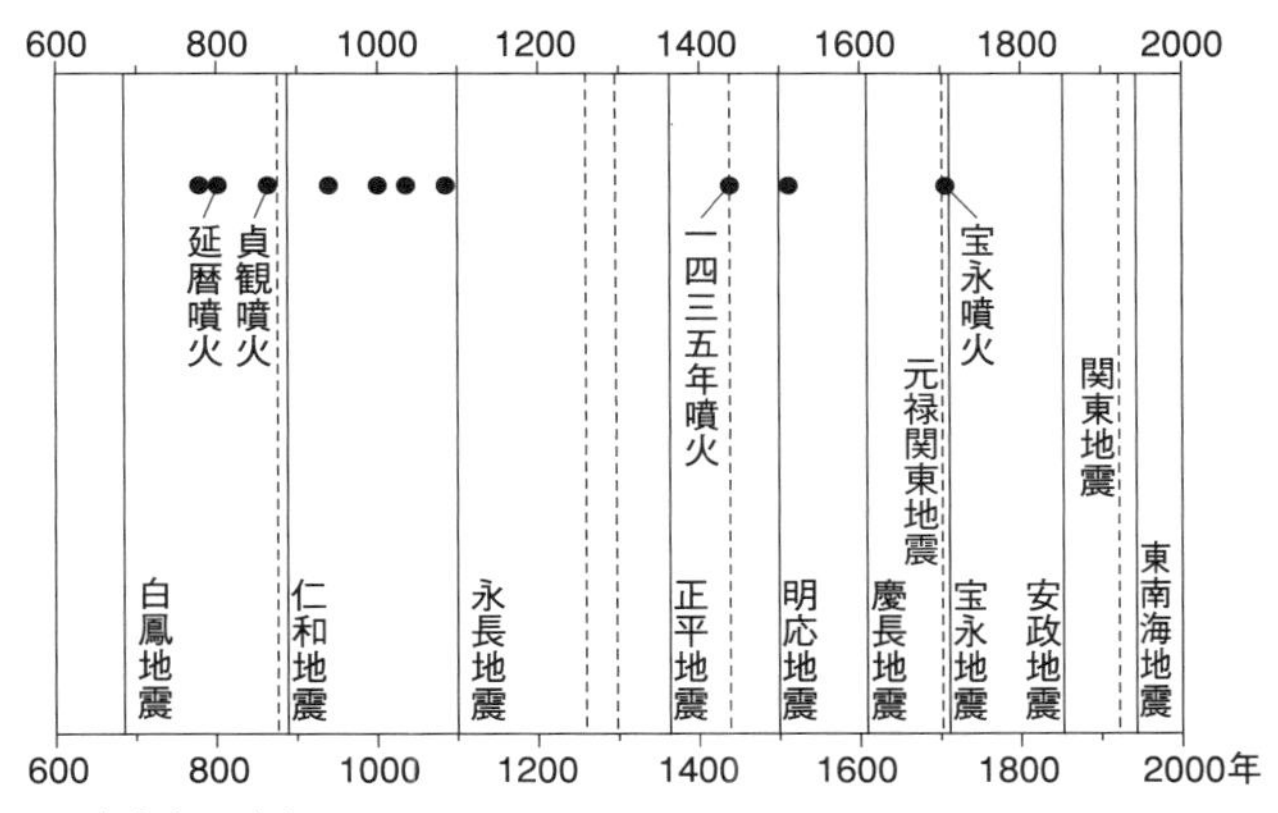

図8－3　海溝型巨大地震の発生と富士山噴火の年代
（吉井敏尅氏による図を一部改変）

（駿河トラフ）、相模トラフへの沈み込み運動と、富士山噴火とのあいだには強い相互関係があるのだ。

過去の巨大地震の発生と富士山噴火との関係を図8－3に示した。ここでは、南海トラフ沿いに発生した地震と、相模トラフ沿いの地震とを区別してある。

これを見ると、1707年と1435年の2例のほかには、南海トラフおよび相模トラフ沿いの地震が起きた直後に富士山が噴火したという事例はほとんどない。たとえば平安時代の終わりから室町時代初期の南北朝の時代には、富士山噴火の記録はいっさい残っていない。しかし、この時期は動乱期であるため古文書が乏しく、本当に富士山の噴火がなかったかどうかはわからない。

現在、確かに言えることは、富士山は１７０７年の宝永噴火以来、３００年以上もじっと沈黙を保っているということだ。図８－３にも示されているように、古文書の記述をていねいに解読して富士山の過去の噴火史をたどっていくと、富士山は50年から１００年ほどの間隔で噴火してきたことがわかる。そう考えると、現在の富士山はかなりの量のマグマをため込んでいることになる。もしもそれが一気に噴出したら、そのときは貞観噴火や宝永噴火のように甚大な被害をもたらす大噴火になる可能性は否定できないのだ。

マグマだまりの天井にひび割れが⁉

ここで本章の冒頭でふれた、「３・11」の直後に火山学者たちが懸念し、戦慄したある異変について述べたい。

２０１１年３月15日に富士山頂の南の地下で、Ｍ６・４、最大震度６強という大きな地震（静岡県東部地震）が発生した（第７章の図７－１参照）。震源の深さは14キロメートルだった。現在、富士山の地下20キロメートルほどには、高温のマグマがたまったマグマだまりがある（図８－４）。地震がこのマグマだまりに何らかの影響を与えたのではないかと、われわれ火山学者は緊張した。その直上の岩盤、いわば天井にあたる部分に、ひびが入ったのではないかと懸念されたからだ。

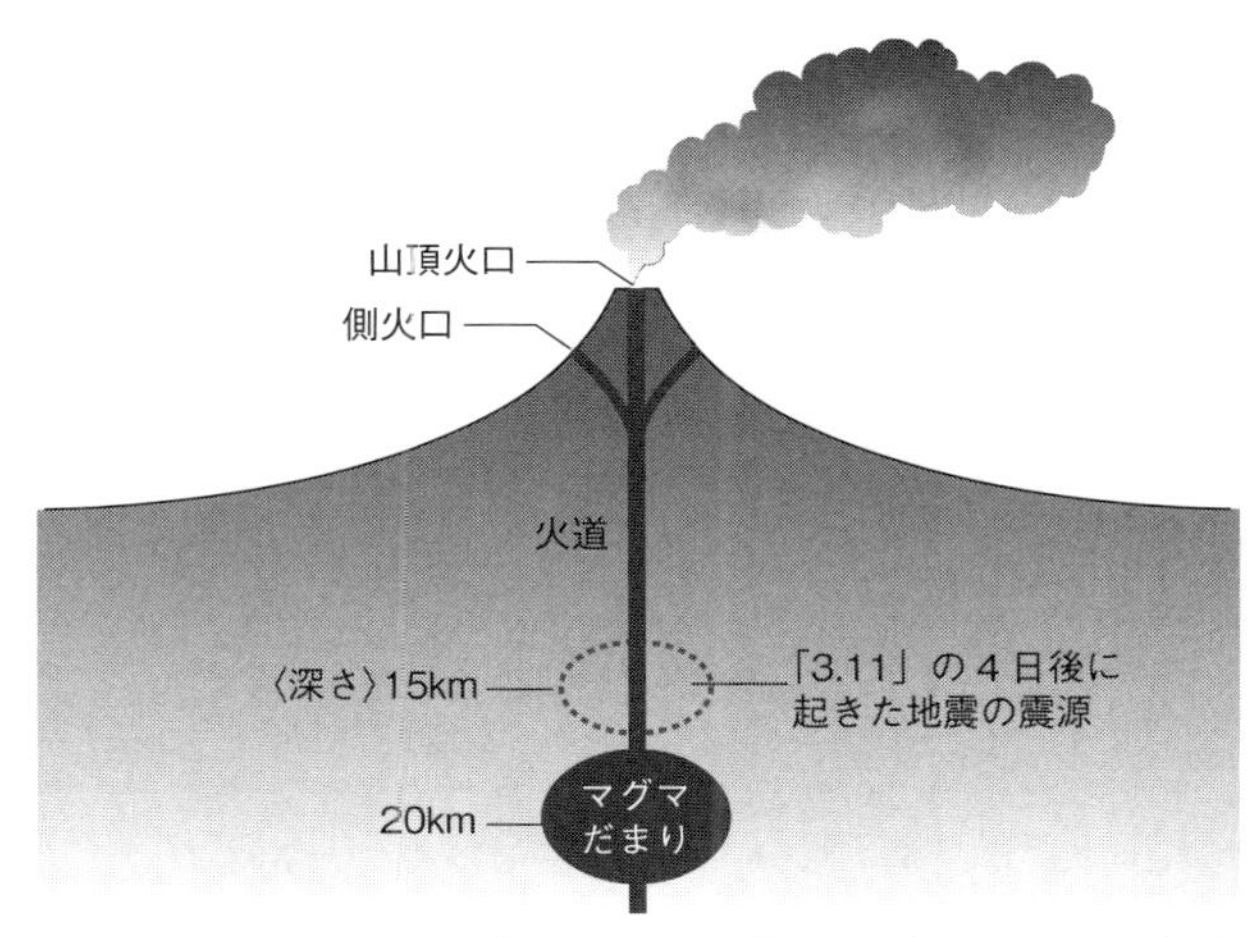

図8－4　富士山のマグマだまりと「3・11」の４日後に起きた地震の震源

このとき、実際には何も起きなかったことは、僥倖（ぎょうこう）というしかない。そして非常に残念なことに、こうした深部で起きる現象を調査するすべが、最先端の火山学にもない。したがって、当時の懸念はいまなお続いているのである。

火山が噴火するかどうかは、地下のマグマだまりの動向が重要な鍵を握っていることは、すでに説明したとおりである。現在のところ、富士山が噴火する可能性が高まったことを示す観測データは得られていないが、マグマだまりのひび割れが意味するところはきわめて重大である。

先に述べたように宝永噴火においても、それ以前に起こった二つの巨大地震によってマグマだまりにひびが入った可能性が高いと考えられるからだ。そして、次の南海トラフ巨大地震は2030年代に迫っている。

もはや富士山は、「いずれは噴火するであろう火山」から、「近い将来に必ず噴火する火山」へと歩を進めてしまったと考えられる。多くの日本人にとっては（いや世界中にいる富士山ファンにとっても）つらいことかもしれないが、そう考えざるをえないのである。

富士山のマグマが増加した

さらに、富士山周辺をGPS（全地球測位システム）で測定した結果、「3・11」発生後に地盤が東西方向へ伸張していることがわかった。こうした地盤の広がりがもたらす影響には、2つの可能性がある。地下深部のマグマが地上へ出やすくなる可能性と、広がった地盤の中にマグマが滞留して上に出にくくなる可能性である。今後、この2つのどちらへ事態が進むのか、慎重に注視していく必要がある。

富士山周辺での地盤の広がりは、「3・11」以前の2009年にも観測されている。やはりGPSでの測定によって、北東－南西方向に1年あたり2センチメートルほど地盤が伸張していることがわかったのだ。ここで北東－南西方向とは、富士山の側火口が連なる北西（富士裾野市）－南東（御殿場市）方向に直交するものであり、すなわち、富士山にマグマを供給する割れ目が開く方向に地盤の変動が起きたのである。これは、富士山に供給されるマグマの量が増えたことを意味している。そして、この地盤伸長によって富士山の地下では、マグマが東京ドーム8杯分ほども増加したと解釈されている。

その後、この方向での地盤の伸びは鈍化しているが、さきほど述べたように「3・11」後には東西方向への地盤の伸びが観測されている。今後はますます、富士山地下での噴火の兆候を厳重に監視しなくてはならない。

ここでひとつ言っておきたいのは、富士山は日本で最も観測網が充実している活火山の一つであり、常時、地震計や傾斜計などの監視下にあるので、突然にマグマが噴出する心配はないということだ。噴火が起こるときはその数週間から1ヵ月ほど前から、前兆となる地震や地殻変動が観測され、その情報はただちに気象庁から各メディアやインターネットを通じて国民に伝えられることになっている。火山噴火は、地震のように準備期間がゼロというわけではないのである。

南海トラフ巨大地震の被害想定

では、もしも次の南海トラフ巨大地震と富士山噴火が連動したら、日本はどうなるのだろうか。けっして起きてほしくはないことだが、だからといって考えないでいることは、もはや許されない状況にある。

あらためて言えば南海トラフの海溝型地震とは、フィリピン海プレートが沈み込む南海トラフに沿った震源域をもつ、東海地震、東南海地震、南海地震の総称である（第7章の図7－2参照）。そして、おそるべきことにこれら三つの地震が連動して発生したものが、南海トラフ巨大地震である。富士山で宝永の大噴火を引き起こした１７０７年の宝永地震も、三つの地震が連動した巨大地震だった。そして、次に起こる海溝型地震もまた、三つが連動する巨大地震になる可能性がきわめて高いと予想されているのだ。

想定されているその規模は、M９・１。これは２００４年にインドネシアで起きたスマトラ島沖地震と同じである。この地震では高さ30メートルを超える巨大津波が発生し、インド洋全域で30万人以上の犠牲者を出した。

内閣府による南海トラフ巨大地震の被害想定では、海岸を襲う津波の最大波高は34メートルに達するとされる。しかも、巨大津波は最も速いところでは2、3分後に海岸に到達するという。

東日本大震災では地震発生から最速で40分ほどであったのと比べて津波の到達時間が極端に短い理由は、地震が発生する南海トラフが西日本の海岸に近いからである。図7－2を見ればわかるように、震源域は陸上にまで重なっている。

その結果、地震としては九州から関東までの広大な範囲に震度6弱以上の大揺れをもたらす。震度の最大値である震度7に達する地域は10県、１５１市区町村に達する。犠牲者の総数は最大32万人、全壊する建物は２３９万棟、津波によって浸水する面積は約１０００平方キロメートルにも及ぶと内閣府は想定している。

南海トラフ巨大地震が太平洋ベルト地帯を直撃することは確実で、産業や経済の中心地域が被災することを考えると、東日本大震災よりもさまざまな数値が一桁大きい災害になると予想されている。すなわち、人口の半分近い6000万人が深刻な影響を受けるという。

経済的な被害総額は、220兆円を超えると試算されている。東日本大震災の被害総額は20兆円ほどとされているので、やはり一桁大きくなる計算である。220兆円とは、日本政府の1年間の租税収入の約4倍を超える額である。まさに「西日本大震災」というべき状況になることは必至なのだ。

もしも富士山噴火が連動したら

では、この巨大地震と連動して、富士山噴火が起こったらいったいどうなるだろうか。

江戸時代に起きた宝永噴火では、その49日前に宝永地震という巨大地震が発生していた。地震で甚大な被害をうけ、その復旧で忙殺されている最中に、富士山噴火に追い打ちをかけられたのである。当時の人々の苦しみは、察するにあまりある。

過去の例を見れば南海トラフ地震から富士山噴火までの時間的間隔は、49日から数年までと幅があるが、もし宝永噴火と似たタイミングでいま同じことが起これば、地震と津波による壊滅的な打撃に加えて、噴火がもたらすさまざまな被害が想定される。

たとえば大規模な火山灰の降灰によるダメージの深刻さは、江戸時代とは比較にならないだろう。交通機関はもちろん、コンピュータで制御されるあらゆるものが、ガラス質の灰によって使い物にならなくなるからだ。都市機能は停止し、たとえば医療機関もマヒするので、直前に起きた地震の被災者にとっては、命取りになりかねない。

地震と噴火のダブルショックは東海地方から関東地方までを襲い、日本の政治経済を根底から揺るがす。それはひいては、世界の政治経済にも影響を及ぼすことになるかもしれない。

内閣府は2004年に、富士山噴火による経済的損失を最大2・5兆円と試算した。これは、1万円札を縦に積み上げると、富士山の6・5倍の高さになる金額だという。しかしその後、多くの火山学者は、この試算額は過小評価だったのではないかと考えるようになっている。いずれにしても、南海トラフ巨大地震の被害総額220兆円に、富士山噴火の被害総額が加算されれば、とてつもない額の被害になることが予想される。もし地震と噴火の時期が近かった場合は、単なる加算だけではなく、相乗効果でさらに被害総額が増える可能性もある。

未来を正確に予測することは誰にもできない。だが、南海トラフ巨大地震と富士山噴火の連動は、国家の危機管理上、可能なかぎり予測し、減災に向けて全力で取り組むべき課題であることは間違いない。

第9章
山体崩壊のおそるべきリスク

1980年5月18日の米国セントヘレンズ火山噴火で発生したブラストによって根こそぎなぎ倒された大木。中央の自動車に注目（宇井忠英氏撮影）

ここまで、いつか必ず発生する南海トラフ巨大地震と、富士山噴火が連動するという破局的な事態について、その可能性や想定被害を探ってきた。しかし富士山はもう一つ、違ったかたちできわめて甚大な災害を引き起こすリスクをはらんでいる。

それは、富士山のアイデンティティともいえる左右対称の美しい円錐形を破壊し、日本人に精神的にも深いダメージをもたらすおそれがある災害である。

岩なだれとは何か

高さだけなら3000メートル級の、世界の山々の中では平凡なサイズでしかない富士山が、日本人の心のよりどころともされ、海外にも少なからぬファンを獲得している理由は何か。それはいうまでもなく、みごとなまでに左右対称な稜線を描く、美しい山体にある。

しかし、富士山は昔からこのような円錐形だったのではない。かつては山全体が大きく崩れて、山頂が欠けた形をしていたこともあったのである。これは、富士山で巨大な「岩なだれ」という現象が発生したことによる。

一般には「なだれ」とは、大量の積雪が斜面を速いスピードで滑り落ちる現象である。しかし火山でも、噴火や地震の衝撃をきっかけに、山自体が崩れてしまうほどに巨大な地滑りが起きる。このときの、岩石を主体とする混合物によるなだれを「岩なだれ」と呼んでいる。火山学の専門用語としては、「岩屑（がんせつ）なだれ」（debris avalanche）と名づけられている。

火山の頂上や急斜面から発生する巨大な岩なだれは、下流に大きな打撃をもたらし、その被害は想像を超えるほど甚大なものとなる。岩なだれの発生は、噴火もしくは地震と必ず関係があるという特徴がある。

日本では、明治21（1888）年に福島県の磐梯（ばんだい）山が噴火と同時に岩なだれを起こし、477名の犠牲者を出した例がある。以前には「磐梯山が大爆発で吹き飛んだ」といわれていた出来事である。

ところで、竜巻にしても津波にしても、自然災害は起こった瞬間を映像にとらえることは非常に難しいものである。だが岩なだれでは、人々がその発生の現場を目の当たりにした事件がある。それは、地球上で起きることがまれで、かつ劇的な自然現象を待ち構えて、科学者が撮影した希有な例でもあった。第1章でもとりあげた米国北西部ワシントン州のセントヘレンズ火山で、火山の専門家たちが噴火を予測し、観測している最中に、岩なだれが起きたのだ。

地球科学には「過去と未来を知るには現在を見よ」という考え方がある。富士山の過去と将来を論じるうえで、現実に観察された現象をくわしく解析することは非常に重要である。そこで、世界中が注目するなかで完全に記録がとられたこの事例を見ていこう。

セントヘレンズ火山の「予測された噴火」

1980年5月、火山学者たちが噴火を予測し、その前兆となる現象を監視していた最中に、セントヘレンズ火山の大噴火が始まった。

その2ヵ月前には、セントヘレンズ火山の直下を震源とする小規模の群発地震が始まっていた。10日ほどすると、地震計は初めて「火山性微動」をとらえた。第10章でくわしく述べるが、火山性微動とは、多くの活火山で噴火前に比較的浅い場所で発生する、持続的で小さな地面の揺れのことである。火山性微動が起こる原因にはいろいろあるが、マグマそのものの運動、地下水の沸騰、マグマに溶けているガスの挙動などを反映していると考えられている。

だが、やがてセントヘレンズ火山はもう一つ、不気味な兆候を示しはじめた。山の動きを測量していた地質学者たちが、北側の地形に歪みが出ていることに気づいたのだ。過去に撮影された写真と比べても、明らかに変形が起きていたのである。

くわしく測定してみると、山の膨らみは100メートルほど上へ、かつ外側に動いていることが明らかとなった。また、山を覆っている雪と氷の表面には、網目状の大きな割れ目ができはじめた。4月の終わりから5月の初めにかけて、山体は1日に約1・5メートルという驚異的な割合で北へ膨張しつづけた。これを地殻活動という。そして、とくに急速な変形を示している地点の約2キロメートル下では、地震が頻繁に起きていた。

さらに、水蒸気と火山灰をともなった小規模の爆発が続けざまに起こるなど、セントヘレンズ火山の動きは止む気配がなかった。

火山学者たちは、群発地震の発生と急速な地殻変動は、セントヘレンズ火山の浅い部分にマグマが入ってきている兆候であると考えた。そして、このような状況でマグマの貫入が続くならば、近々、大噴火が起こるに違いないという結論を出した。

時速250キロメートルの巨大な岩なだれ

5月18日午前8時32分、セントヘレンズ火山の直下1・2キロメートルで、M5の地震が発生した。その瞬間、切り立った火口壁に沿って、岩石と氷が滝のようになって落下しはじめた。観測史上最大の岩なだれが発生した瞬間だった（図9－1B）。

頂上火口を含む北側の山は、その全体が即座に一つの塊となって動きはじめた。巨大なブロックが波打ちながら、北方へ滑り落ちはじめたのだ。「山体崩壊」と呼ばれる現象である。

その数秒後、大規模な爆発が起き、山を揺り動かした（図9－1C）。最初の爆発とともに、小さな噴煙が直上へ立ち昇り、さらに火山灰を含む雲が急速に成長し、斜め上方へ突進した（図9－1D）。噴煙は数千メートルの高さまで上昇し、巨大な噴煙柱を形成した（第1章の扉写真

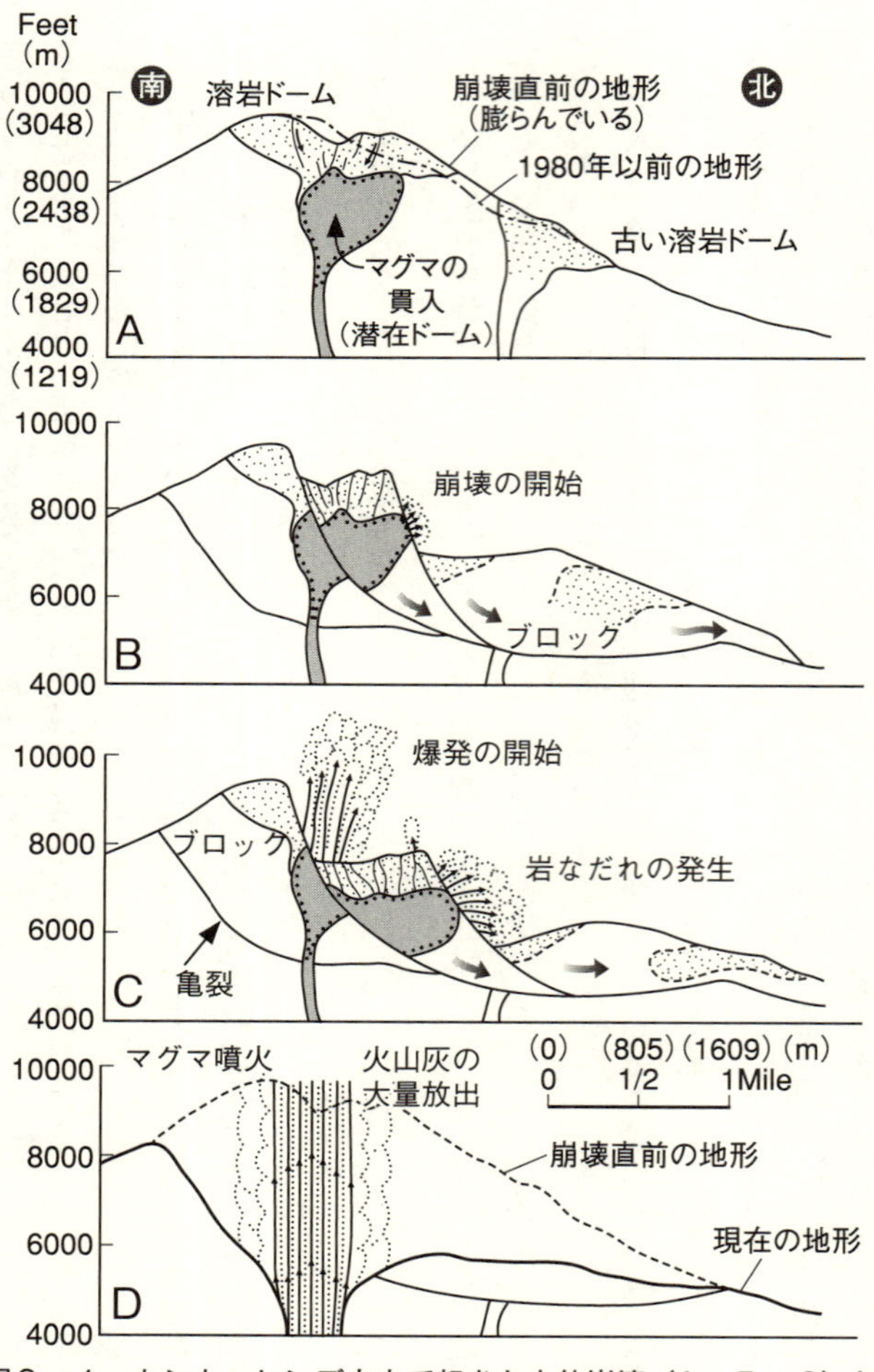

図９－１　セントヘレンズ火山で起きた山体崩壊（A→B→C）とマグマ噴火（C→D）の推移を示す断面図

参照）。その中では、無数の稲光が光っていた。火山灰を大量に含んだ上昇気流の中で生じた放電現象に由来する火山雷である。

次に、体積にして3立方キロメートルに及ぶ破砕された岩石と氷からなる岩なだれが、セントヘレンズ火山の北にあるスピリット湖とトゥートゥル川の支流へ突っ込んだ。爆発によって生じた蒸気の圧力が、破砕された物質の流動化を促したため、岩なだれは時速２５０キロメートルまで加速されて斜面を落下しはじめたのである。それ自身がもつ大きな運動量のために、岩なだれは尾根を越えて、はるか遠方にまで到達した。その途中に通過した渓谷では、岩なだれからの堆積物が、最大３６０メートルまで谷底を埋め立てた。

結局、岩なだれはトゥートゥル川に沿って21キロメートルを移動した。そして最終的には、幅２キロメートル、厚さ２００メートルを超す丘陵状の堆積物が残されたのである。

時速900キロメートルのブラスト

セントヘレンズ火山ではこの岩なだれの発生によって山体が崩壊したことで、それまで山体の重みによって閉じ込められていたマグマの圧力が、突然解放された。この減圧にともなって、マグマの中に5パーセントほど含まれていた水などの火山ガスの成分が分離して泡立ちはじめ、マグマは急激に膨張した（図９－１C）。

さらに、山体の地下で加熱された地下水は瞬時に水蒸気となり、激しい水蒸気爆発が起きた。圧力が急に下がって、水が水蒸気となり激しい体積膨張を起こしたのである。

これらの現象の直後に、蒸気雲をともなう凄まじい爆風が発生した。これを「ブラスト」という。ブラスト（blast ＝爆風）とは、岩なだれと同時に巻き起こる岩くずに満ちた爆風のことである。厳密にいえば、爆発にともなって発生する衝撃波と、それに引き続いて伝わっていく物質の流れを指している。

火山で起きるブラストの場合、岩くずと水蒸気の混じった流れは、遠くからは黒い雲のように見える。セントヘレンズ火山の噴火では、摂氏３００度の水蒸気などからなる黒雲が、ジャンボジェット機のスピードに相当する時速９００キロメートルで北へ向けて流走したのである。

地を這う黒雲となったブラストは、四つの大きな尾根と谷を乗り越えて、火口から30キロメートルの距離にまで広がった。その結果、セントヘレンズ火山の北西、北、北東にある山岳地帯の６００平方キロメートルが壊滅的に破壊された。激しいブラストが通過したあとには、火口周囲の数キロメートルにわたって、直径2メートルもある大木のすべてがみごとなまでに放射状になって、根こそぎ押し倒されていた。また、火口から10キロメートルまでの地域では、モミの木がまるでマッチ棒のようにポキポキと折られていた（本章の扉写真参照）。

木々の表面の多くは、爆風に面した側が焼かれて黒く焦げていた。これらの範囲の外側では、木々はかろうじて立ってはいたが、回復の見込みがないほど枯れてしまっていた。

セントヘレンズ火山では、木々が倒壊した方向を手がかりに、ブラストの通った軌跡が詳細に調べられた。その結果、ブラストは必ずしも直進せず、微地形を反映しながら曲がりくねった流路をたどっていることが判明した。

ブラストが通過したあとには、火山灰と岩屑からなる堆積物が約1メートルから数ミリメートルの厚さで地表に積もっていた。この中には古い火山岩からなる角張った破片と、噴火の直前に固まったばかりの新鮮な溶岩片が含まれていた。

一般に、岩なだれにともなうブラストは、厚さにしてわずか数センチメートルの堆積物しか地上に残さない。堆積物の量は少ないが、非常に広い範囲を覆うという特徴をもっているのである。

なお、ブラストは第4章で述べた火砕サージと一見、似たような現象だが、ブラストは主として岩なだれにともなう現象に対して使われる用語である。一方、火砕サージは火砕流と同じく、高温のマグマが関与した粉体流である。

ブラストが残した爪痕

噴火直後に垂直に立ち昇った噴煙柱は、轟音をあげながら、午前9時には26キロメートルの高

図9－2　セントヘレンズ火山の1980年5月18日の噴火で生じた馬蹄形カルデラ（US Geological Survey 提供）

度に達した（図9－1D）。それから夕刻まで、セントヘレンズ火山では連続的に爆発が起こり、火山灰とガスを噴出しつづけた。この一連の噴火によって、57名の死者及び行方不明者と、10億ドル以上の経済的損失が出た。損失のほとんどは製材業に関するものだった。

犠牲者の中には、アメリカ地質調査所の火山学者ジョンストン博士がいた。彼は山頂の北10キロメートルの尾根で山体の隆起を計測していたが、噴火の規模が予想外に大きかったために、運悪くブラストに巻き込まれてしまったのだ（この痛ましいエピソードについては拙著『火山はすごい』（PHP文庫）を参考にしていただきたい）。

この噴火で発生したブラストは、セントヘレンズ火山のこれまでの噴火履歴でも前代未聞の大きなものであった。大噴火の最後には、山頂に大きな穴が残った。「馬蹄形カルデラ」と呼ばれる凹地である（図9－2）。地形にこのように大きな変化が生じるほどの大噴火になるとは、専門家にもまったくの予想外であった。

岩なだれに破壊的なブラストがともなうことは、セントヘレンズ火山の噴火で初めて詳細に理解された。この新知見から、そののち数多くの火山で、岩なだれの堆積物とともにブラストの堆積物が見つかった。たとえば1956年にロシアのカムチャツカで起きたベズイミアニ火山の噴火の堆積物からも、ブラストの堆積物が確認された。ここでもマグマが浅い部分に貫入し、圧力が一気に解放されたことでブラストが起きたのである。

噴火がもたらした教訓

セントヘレンズ火山の岩なだれをともなう大規模な噴火については、予期できなかった点が多々あったが、噴火が起きたこと自体は、驚くべきことではなかった。噴火の2年前の1978年に、米国地質調査所の火山学者がセントヘレンズ火山に関する報告書を出していたからだ。そのなかでは、近々、噴火が起きる可能性が警告されていた。

「過去の噴火パターンによると、沈黙が続く期間は100年も続かないことは明白であり、今から100年以内に噴火が起こると予想される。しかも噴火は、今世紀が終わる前でさえ起こりうる」（クランデル博士とマリノー博士による）

また、この噴火が起こるまでの直近の噴火である1831年から1857年にかけてのセントヘレンズ火山の噴火に関しては、当時、米国西部を訪れた探検家たちがくわしい記録を残していた。そのほかにも、有史以前に起きた噴火堆積物の特性・分布・年代などの地質学的な研究がなされていて、科学的な噴火予測が可能になっていたのだ。そのため、セントヘレンズ火山のあるカスケード山脈に住む人たちには数ヵ月前から避難命令が出され、このことが噴火の規模に比べれば犠牲者数が小さく抑えられた要因だった。

とはいえ住民たちの多くは、セントヘレンズ火山がまだ活発で危険な火山であることを忘れ去っていた。1980年の噴火まで123年もの間、まったく活動を休止していたのだから、無理もないかもしれない。噴火の危険性はたいしたことはないと考え、避難を拒んだ土地所有者もいた。結局、彼は岩なだれに呑み込まれ、消息を絶った。

この日以降、活火山は噴火を繰り返すことがあらためて認識された。それとともに、山体崩壊によって引き起こされる岩なだれ、そしてブラストの猛威を、現実のものとしてまざまざと思い知らされたのである。

富士山で起きた岩なだれ

実は、火山において山体崩壊は決して珍しい現象ではない。急な斜面をもつ大型の火山は、そ

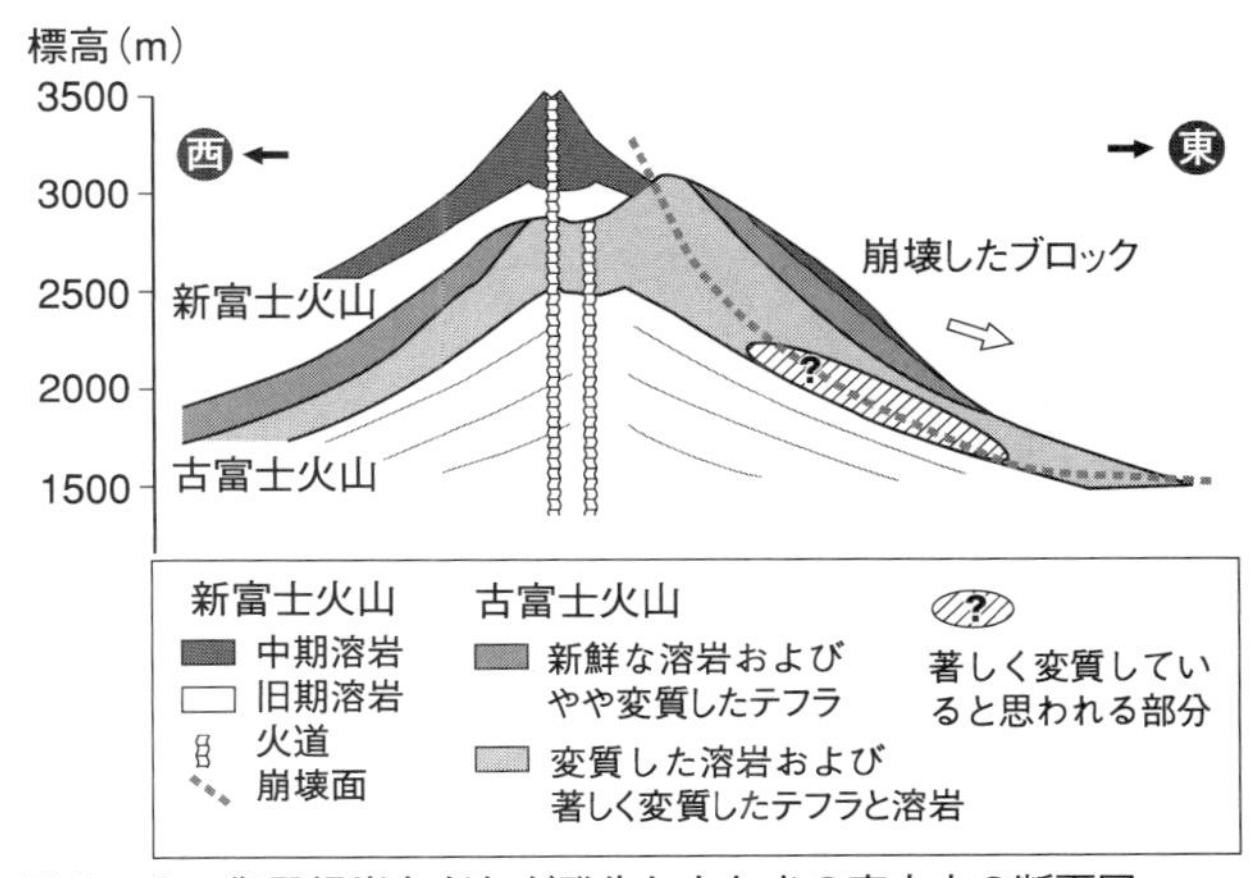

図9－3　御殿場岩なだれが発生したときの富士山の断面図
東側の斜面の標高が高い部分が崩れ、山頂はかろうじて残ったと考えられている（宮地直道氏による）

もそも山体崩壊の危険性が少なくないのだ。たとえば国内で山体崩壊を起こしたことのある火山としては、北海道駒ヶ岳、有珠山、渡島大島、鳥海山、磐梯山、御嶽山、雲仙眉山などがある。

富士山も例外ではない。実際に2900年ほど前、富士山では東斜面が山体崩壊を起こし、岩なだれを発生させたことがある。このときに現在の静岡県御殿場市を埋めつくした岩なだれ堆積物が、富士山のステージ4で起きた御殿場岩なだれである（専門用語としては「御殿場岩屑なだれ堆積物」という）。

この岩なだれは、富士山の東側上部の斜面で、脆い部分が崩落した結果と考えられている（図9－3）。崩壊した体積は、約1立方キロメートルという莫大な量だった。岩石は砕けながら15キロメートルの距離を流下し、その速さは時速100キロメートルに近かった。膨大な量の岩石と土砂が東の御殿場方面へ流れ下り、富士山でも最大級の堆積物を残した。東京の山手線が囲むくらいの土地を、厚さ10メートルを超す土砂が、ほぼ一瞬にして埋めつくしたのである。

堆積物の断面には、著しく破砕された地層や岩石のブロックと、その隙間を埋める火山灰状の細かい物質が見られた。だが、噴火時にはまだ熱かったマグマ物質は入っていない。一方で、非常に変質した岩石がたくさん入っていた。約10万年前から1万年前のあいだにできた富士山（古富士火山）を構成する岩石の中で、さらに変質した岩石が特徴的に含まれている部分があったのだ。このことから、この岩なだれはマグマの噴火にともなって起きたのではなく、地震や水蒸気爆発など、ほかの原因が引き金となって発生したものと推定されている。

2900年前の富士山には、山頂のほかにも東斜面に、古富士火山の山体がつくるもう一つのピークがあった。おそらくそのピークに露出していた古富士火山の脆い山体に、たくさんの亀裂が入り、山体が大きなブロックに分かれて大規模に滑り出したものと考えられる。

直下型地震が山体崩壊を引き起こす

富士山は歴史上さまざまなタイプの噴火を起こしてきたが、なかでも山体崩壊は最大級の被害

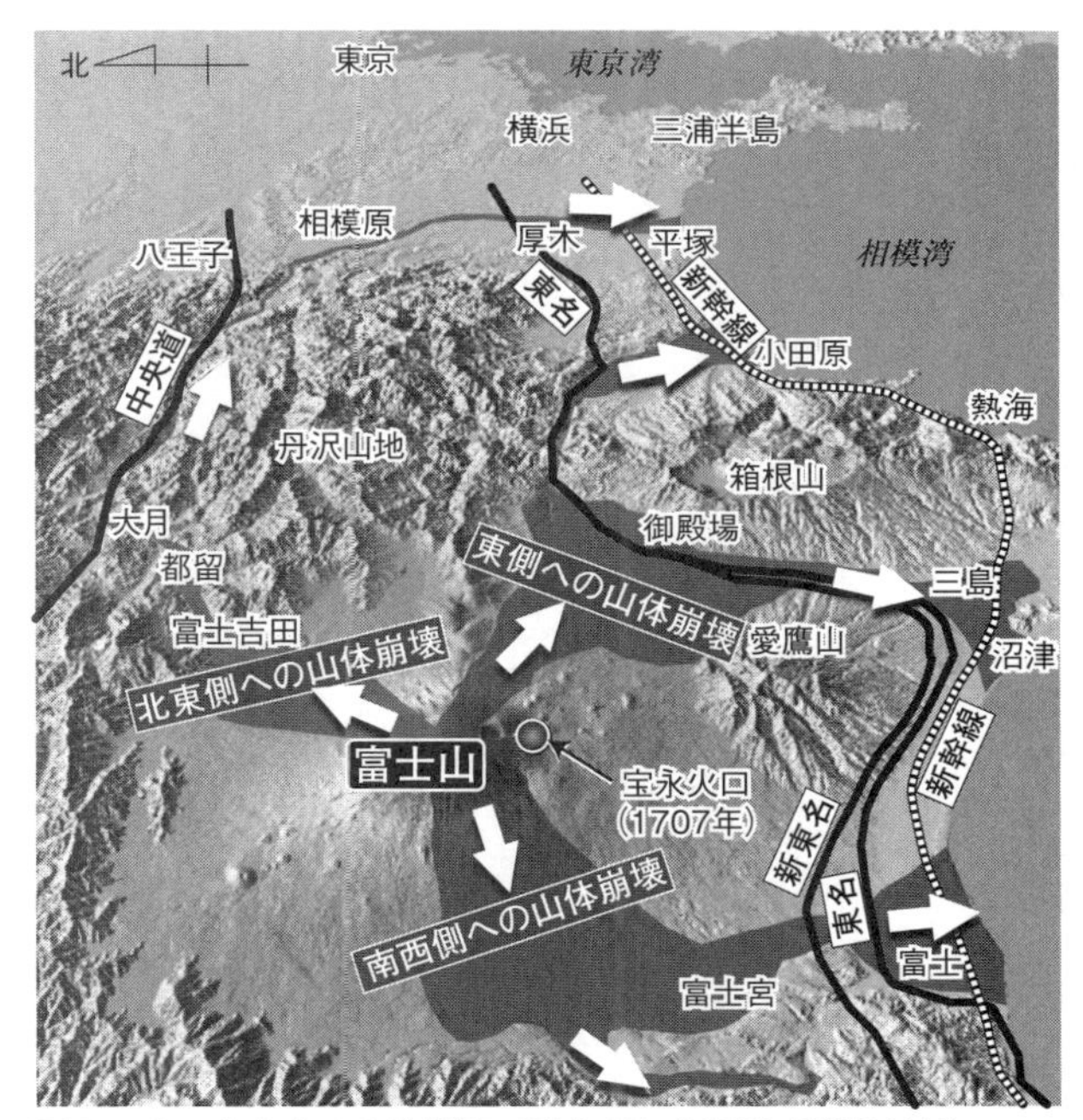

図9－4　富士山の山体崩壊で岩なだれと泥流が襲う地域
（小山真人氏の資料を一部改変）

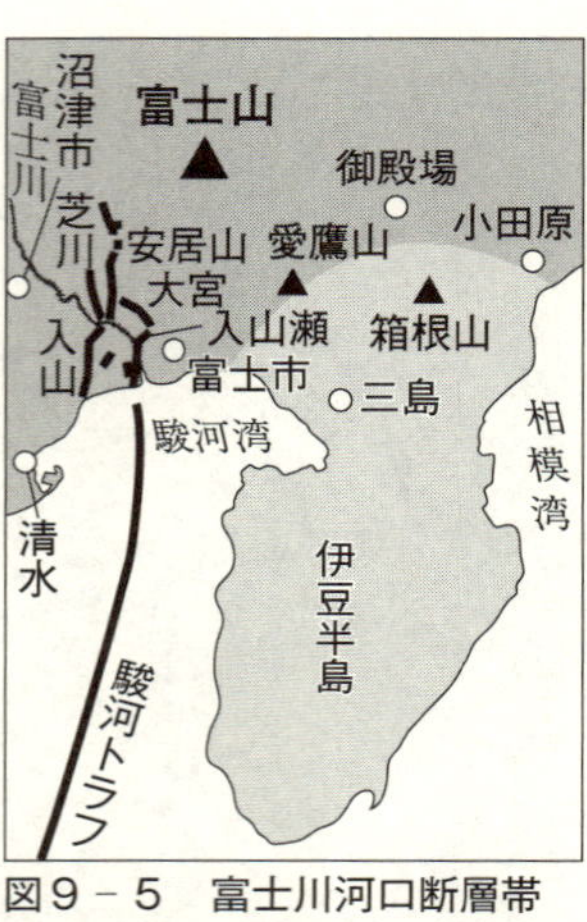

図9－5　富士川河口断層帯
陸上の実線が断層。駿河湾内の断層（海上の実線）は東海地震の震源域に連続している

をもたらす現象である。2012年の静岡県防災会議では、富士山が山体崩壊を起こすと最大40万人が被災するという試算が発表された（図9－4）。

繰り返すが、富士山は昔から美しい円錐形だったのではない。山が大きく崩れ、山頂が欠けていた時期が何回もあった。とくに、富士山のように標高が高い山は上部が不安定なので、噴火を引き金として一気に崩れる傾向があるのだ。しかも富士山のような急勾配の斜面をもつ山体が崩壊した場合は、岩なだれが高速で流れ下り、山麓に甚大な被害を与える。セントヘレンズ火山と同規模の壊滅的状況に至ることが予想されるのである。

そして山体崩壊は、地震活動とも密接な関係がある。富士山の岩なだれとしては直近のものである2900年前の御殿場岩なだれは、東海地方を襲った巨大地震によって引き起こされたという説がある。富士山の南西には富士川が駿河湾に流れ込んでいるが、この河口に五つの活断層が見つかっている（図9－5）。これらは日本の活断層の中では最大級のA級活断層であり、総称して「富士川河口断層帯」と呼ばれている。その活動時期は、御殿場岩なだれと時期をほぼ同じくする。したがって、このときの大揺れによって富士山が山体崩壊を起こしたのではないか、と考えられるのである。おそらくM7を超える直下型地震が発生したため、富士山が崩壊したということになる。

こうした事例のように、富士山の場合には、マグマの活動とは関係のない巨大地震によって岩なだれが発生する点が非常に厄介である。もし、現在警戒中の東海地震が大きな揺れを引き起こした場合にも、富士山の一部が崩れる可能性があるのだ。

富士山南方の海域では、100年から数百年の周期で巨大地震が起きてきた。先の富士川河口断層帯の南端は駿河湾に入り、巨大地震の震源域である駿河トラフへ連続している（表紙カバーの画像を参照）。

ここはM8クラスの東海地震が起きる場所であり、すでに述べたように東南海地震や南海地震と連動してM9クラスの南海トラフ巨大地震となる可能性が高い（第6章の図6－3参照）。

第8章で述べたように、海溝型地震が起こす激しい揺れが富士山のマグマ活動を励起することを火山専門家はもっとも警戒してきた。これは海溝型地震のマグマへの間接的な働きかけである。しかし一方では、南海トラフの陸上延長部で起きる地震が引き金となって、富士山の斜面が大崩壊するという、噴火よりもさらにおそろしい事態が起きる可能性があるのだ。すなわち、直下型地震と岩なだれの複合災害である。

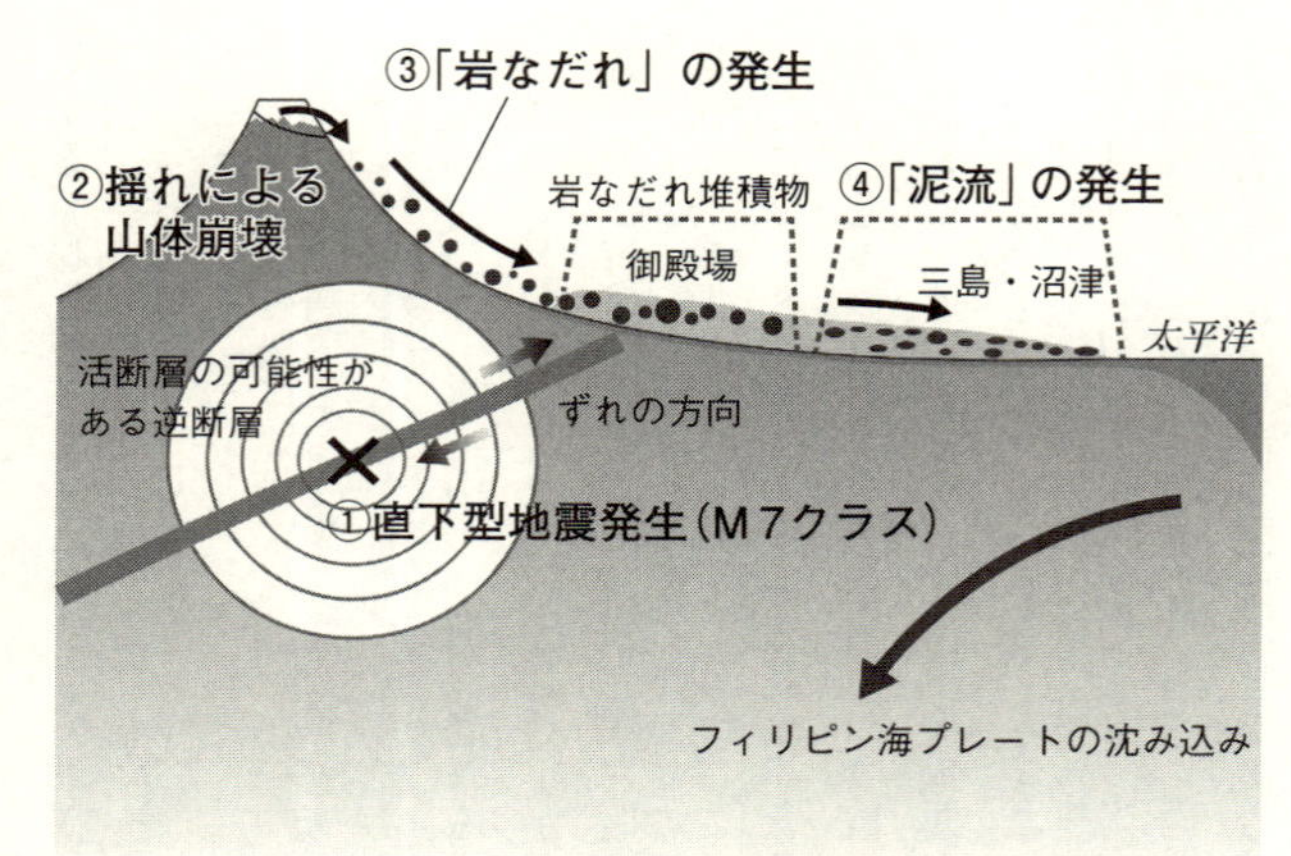

図９－６　富士山の直下に伏在する活断層による山体崩壊

富士山直下に活断層が埋もれていた

次に述べるのは、富士川河口断層帯とは別の場所で直下型地震が発生し、岩なだれを引き起こす可能性についてである。

近年、富士山の直下に、これまで発見されていなかった活断層が存在するという調査結果が出た。東京大学地震研究所の研究チームは、御殿場市付近の地下に隠れている断層を発見し、活断層の可能性が高いと分析した。長さ30キロメートルほどの逆断層が、富士山直下の深さ十数キロメートル付近に埋もれていたのである（図９－６）。第７章で述べたように逆断層とは、両側から圧縮する力が加わった地面が起こす断層で、断層の亀裂を境に一方の地面がもう一方にのり上げた構造をいう（第７章の図７－４参照）。

そしてこの逆断層も、富士川河口断層帯と同様に、M7クラスの地震を起こす可能性があるという。ちなみにこの断層は、政府の地震調査委員会が警戒している活断層「神縄（かんなわ）・国府津（こうづ）－松田断層帯」の延長線上にある。

こうした断層が起こす直下型地震は、規模としては過去に起きた東海地震の30分の1程度の小さなものである。だが、しばしば都市の直下で起きることから甚大な被害を起こす。しかも新たに見つかった断層は、富士山の直下にある。ここで地震が発生すれば、激しい山体崩壊を引き起こすことが十分に考えられるのだ。

山体崩壊のリスクは南海トラフ巨大地震に匹敵する

詳細な地質調査が行われた結果、富士山は過去に、不確かなものも含めれば計12回の山体崩壊を起こしたことがわかっている。その一つの御殿場岩なだれは、新富士火山が成長した最近約1万年間では、唯一の山体崩壊による堆積物である。富士山麓にはこのほかにも、東麓と西～南西麓に3種類の岩なだれ堆積物が残されており、過去10万年間には計4回の山体崩壊を起こしたことがわかっている。これらから静岡大学の小山真人教授は、山体崩壊の発生頻度を約5000年に一回と見積もった。

一方で、前述したように2012年の静岡県防災会議は、富士山の山体崩壊による被災者は最大40万人と試算した。これをさらに崩れる方向によって分類すると、東側に流れれば40万人、北東側へ流れれば38万人、南西側では15万人が被災するという（図9－4参照）。このうち首都圏にいちばん影響が出るのは、北東側へ崩れた場合である。多量の土砂が山梨県・富士吉田市などを埋めつくしたあと、川に流入した土砂が泥流となるためである。

泥流は第5章で述べたように土石流とも呼ばれ、大量の水とともに土砂が流される破壊的な現象である。岩なだれによる堆積物は日本列島の多くの火山で見つかっているが、実は長いあいだ、大量の水とともに地表を流れた泥流と混同されていた。その後、有珠山で「善光寺泥流」、富士山東麓で「御殿場泥流」、甲府盆地で「韮崎泥流」と呼ばれていたものは、いずれも水を媒質とはせずに流れた乾燥質の岩なだれだったことが判明した。

とはいえ、岩なだれが起きると、下流では必ず大規模な泥流が発生することを忘れてはならない。そして、北東側へ流れ下る泥流は相模川を通って神奈川県の平塚市や茅ヶ崎市付近を襲う可能性がある。その途中には東名高速道路と新幹線があるため、人的被害はもちろん、泥流が通過したあとも長期にわたって東西の物流を寸断することになりかねない。

一般に、自然災害のリスクは、発生する確率とともに、被害の大きさも計算して決まる。山体崩壊の発生頻度が「5000年に一回」だとすれば、たしかに火山灰や溶岩の噴出に比べれば頻度は小さい。だが、いったん起きてしまうと岩なだれやブラスト、泥流によって莫大な被害をもたらすため、リスクはきわめて大きくなる。富士山の山体崩壊について、その頻度と被害の大きさを積算すれば、２０３０年代の発生が予測されている南海トラフ巨大地震と同じくらいのリスクとなるのである。

東日本大震災は１０００年ぶりに起きた巨大災害だった。その惨禍を目の当たりにした経験に即していえば、たとえ５０００年に一度の地学現象であっても、そのリスクが現実のものとなる事態は十分に想定すべきである。

予測困難な富士山の山体崩壊

このように山体崩壊はきわめて破壊的な現象なのだが、にもかかわらず、富士山周辺では数十万人にものぼると予想される住民の避難計画が策定されていない、という非常に危険な状況にある。それは、山体崩壊がいつ起きるか、それによって岩なだれがいつ、どこで発生するか、さらに岩なだれが流れる方向や到達距離までを予測することは、現在の技術では不可能に近いからだ。

山体崩壊がいつ起きるかを予測することは、地球科学的に見て非常に困難である。セントヘレンズ火山のようにマグマの活動を伴う場合には、事前に山体の変化が目視された。たとえば次の第10章で述べるように、火山周辺での地震や地殻変動などを観測することによって、噴火の事前予知がある程度は可能である。

だが、直下型地震が引き起こす山体崩壊は、現在の技術ではまったく予知できないため、山麓の住民にも避難する余裕がない。繰り返すが、このようにマグマ活動とは関係のない地震によっても山体崩壊が起きる点が、富士山における防災上の難点なのである。

富士山のハザードマップでも岩なだれの危険性は考慮され、作成の過程で岩なだれの発生に関する検討は行われてきた。岩なだれは噴火とは関係ない直下型地震によっても発生する可能性があるため、火山災害を予測するハザードマップにはなじまないようにも思えるが、過去の噴火によって山を形成したエネルギーが放出されるという意味では、火山災害の一種と言える。

しかし、内閣府が2004年に公表した富士山ハザードマップ（火山災害予測図）には、岩なだれの被害予測図はない。前述のように、岩なだれの発生する位置や時期や規模を推定することが、ほぼ不可能だからである。また、ほかの火山災害のように恒常的に起きる可能性がある現象ではないので、防災準備という概念からはやや外れている。

したがってハザードマップ報告書では、過去に起きた最も新しい御殿場岩なだれと、その後に発生した泥流の到達範囲を参考に対策を考えるにとどまっているのが現状である。

しかし、発生についての予測がいくら困難でも、できるかぎりデータを集めて、少しでも精度を上げていく試みは不可欠であろう。

たとえば、岩石がもろくなった変質帯や亀裂が山体の上部にあることを、電気探査などの物理探査の手法で明らかにできる。電気探査とは、地下に電流を流すことで水分の多いもろい層などの存在を突きとめる手法である。

さらに、第6章で紹介したような掘削調査を行い、富士山の内部に残っている崩壊しやすい岩石の位置を確かめておくことも不可能ではない。現在も富士山の地下には、古富士火山の大きな塊がまだ残っている。できた年代が古く、変質が進んでいるそれらが将来の崩壊を引き起こすおそれがあるのだ。

セントヘレンズ火山のように山体崩壊には、マグマが火山体の上部へ直接貫入することで起きる場合もあり、むしろそのほうが一般的である。富士山で発生した過去の岩なだれではマグマが貫入した証拠は見つかっていないが、マグマの貫入による山体崩壊が発生する可能性も検討する必要があるだろう。

美しい円錐形は永遠にあらず

山体崩壊が引き起こす被害は、まさに破局的である。岩なだれはいかなる方角に流れ下っても、流域にある建物を完全に破壊し、厚い土砂堆積物で埋め尽くしてしまうことは確実だからである。

さらに、セントヘレンズ火山で起きたのと同じような岩なだれに伴ってブラストが発生すれば、岩なだれよりもはるかに広範囲に被害が及ぶ可能性がある。ブラストは時速数百キロメートルを超えるため、発生してから逃げることはまったく不可能だろう。

大量の岩なだれ堆積物が河川に流入したのちに発生する泥流の被害も、前述したように甚大である。補足すれば、江戸時代の宝永噴火直後から毎年のように泥流が発生した事例のように、泥流は何十年、場合により１００年以上にわたって断続的に発生するおそれがあり、長期間の対策が必要となる。

山体崩壊が発生する確率は小さい。しかし、いったん発生すればその脅威はすさまじく、かりに巨大地震と連動すればとてつもない被害となることを考慮しておく必要がある。

富士山の円錐形は永遠ではない。ときには大崩落を起こすことも、美しい活火山のもつ一つの側面であることを忘れてはならない。

第10章
富士山の噴火予知はどこまで可能か

1983年以来、噴火を続けるハワイ島キラウエア火山で見られる溶岩噴泉。マグマが噴水のように高く噴き上がっている（US Geological Survey提供）

これまで見てきたように、ひとたび富士山が噴火すれば、激甚な災害となる可能性がきわめて高い。少しでも被害を軽減するためには、富士山はいつ、どこで噴火するのかをできるかぎり正確に予知することが不可欠である。しかし、それはどこまで可能なのだろうか。

本章では、富士山の噴火予知はどこまで可能か、というテーマについて、最新の研究成果をふまえて考えてみたい。

噴火予知の5要素

最初に、火山の噴火を事前に予知するために行われている具体的な仕事を見てみよう。火山活動が活発になってくると、気象庁から噴火に関する情報が発表される。「○○火山では火山活動が活発になっていますので、十分に注意してください」といった警告がテレビ、ラジオ、新聞、インターネットに流される。

このような情報は、火山の地下の状態をさまざまな手法で観測することによって得られるものだ。そのためには、主に物理・化学・数学の手法が用いられる。

たとえば、火山の下で起きる地震や地面の傾きの変化などを精密に計ることで、火山がいまどのような状態にあり、次に何が起きるかを予測する。こうした作業を「噴火予知」と呼んでいる。

噴火予知の内容は五つの項目からなる。噴火が「いつ（時期）」「どこから（場所）」「どのような形態で（様式）」「どのくらいの激しさで（規模）」「いつまで続くのか（推移）」に関する情報である。これを「噴火予知の5要素」という。

しかし噴火予知はいまだ研究途上にあり、現在の技術では、いつもこの5点すべての情報が得られるわけではない。「いつ（時期）」と「どこから（場所）」の項目しか発信できないことも多い。

また、5要素の中身は、噴火の時間経過にしたがってどんどん変化してゆく。噴出するマグマの量や状態によって、噴火の様式さえも変わってゆくからだ。

それでも、できるかぎり多くの情報を集めて、噴火の進行とともに可能なかぎりリアルタイムで噴火予知を行うべく、専門家による努力がなされている。実は日本の噴火予知に関する技術は、世界の中でも最先端のレベルにある。地震予知と比べても、噴火予知は部分的にはすでに実用段階にあると言っても差し支えない。

以下では、噴火予知の5要素を明らかにすべくどのようなことが実行されているかを、具体的に述べてゆこう。

地震をしらべる ①高周波地震

あらためていえば噴火とは、マグマが地下から地表へ噴き出すことである。圧力の高まったマグマは、火道を上昇する。このときに、地震が発生するのだ。

マグマの通路である火道は、ストローのようにいつも穴が空いているわけではない。たいていは、前回の噴火のときに火道を通過したマグマの残りが火道を埋めている。火道の中にはマグマが冷え固まった溶岩が詰まっているのだ。次の噴火が起きるときには、マグマは岩石を割って無理やり上がってくる。このとき、火道の周辺で小さな地震が起こるのである。

このような、地下の岩石をバリバリと割るような地震は「高周波地震」と呼ばれるもので、私たちが日ごろ経験するような地震である。高周波とは周波数が高い、つまり振動数が多い波のことだ（図10－1）。人の体にも感じられる地震なので「有感地震」ともいう。第7章で述べた、活断層が起こす地震とも似ている。

こうした地震を、火山体の周辺に張りめぐらした地震計によって観測するのである。地震計は人の体に感じられないようなきわめて微弱な揺れも電気的に計測できる機器である。

高周波地震はまず、地下10キロメートルほどのマグマだまり周辺で岩石が割れて起きる。そのあと、マグマの先端が岩石を割ってゆっくりと上昇していくとともに、地震が起きる位置は次第に浅くなっていく。これを観測することで、マグマの上昇する様子がわかるのだ。

地震をしらべる ②低周波地震

２０００年の秋に、富士山の地下で地震が頻発した。富士山のマグマが活動を始めたのではないかと、大騒ぎになった。その原因は、富士山の地下の深さ15キロメートル付近にある「マグマに由来する流体」がゆらゆらと揺れたため、と考えられている。その下の深さ約20キロメートルあたりには高温のマグマだまりが存在するが、この「マグマに由来する流体」とは、岩石が溶けたマグマではない。火道やマグマだまりの中にある水や二酸化炭素などの気体や液体が、地下深くの高い圧力下で存在する状態（超臨界状態という）で振動しているときに地震が起きたものと推測されている。あるいは、マグマに熱せられた地下水が起こすこともある。

このような地震は高周波地震とは違って、船に乗っているときのようにゆらゆらと、ゆっくり揺れる。柔らかい液体が動くことで、こうした揺れになるのだ。これを「低周波地震」という（図10－1）。高周波地震と違って周波数が低い、つまり振動数が少ない低周波地震の振動は、人体には感じられないほどきわめて微弱なものである。

マグマ活動の初期には、高周波地震よりも先に低周波地震が発生する。山麓に張りめぐらされた地震計が、最初に感知するのがこの地震である。いわば火山の「休止期」が終了したことを示

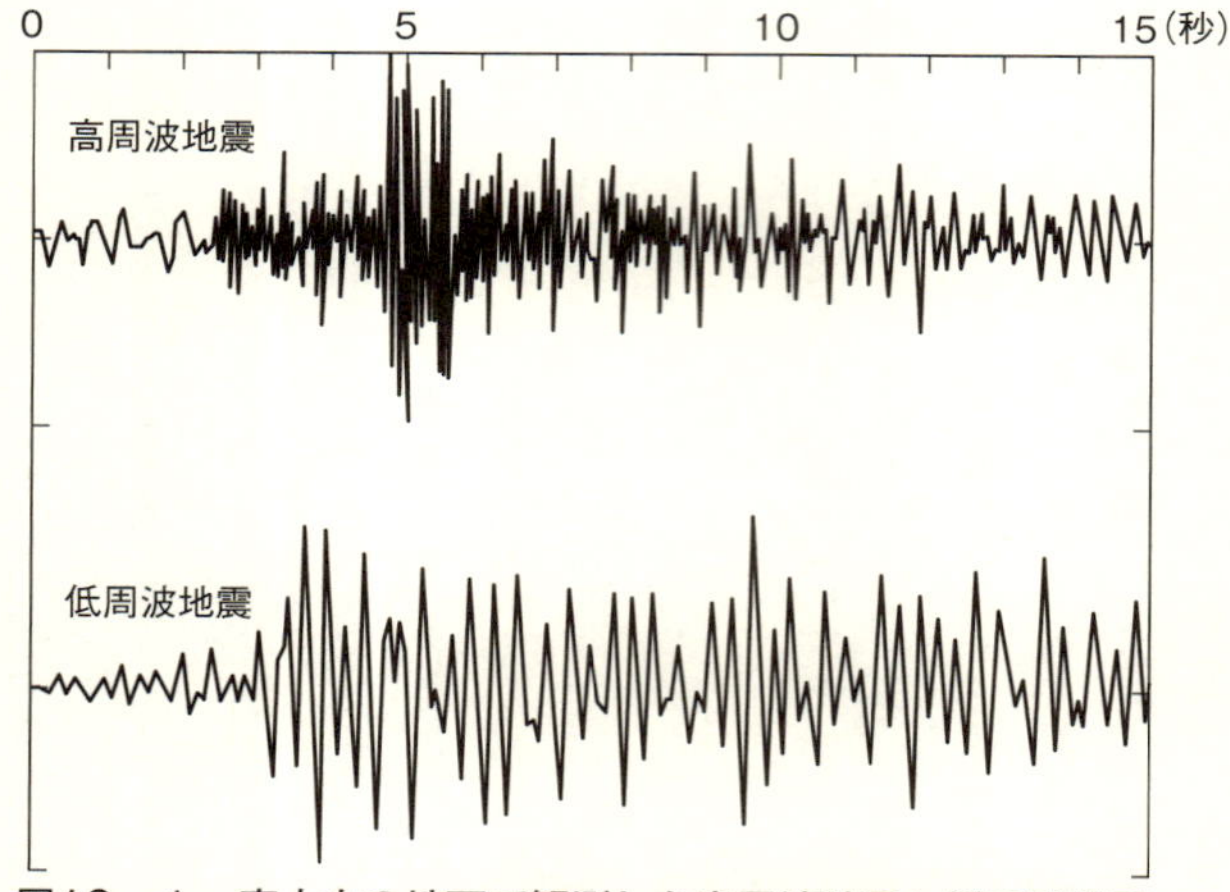

図10－1　富士山の地下で観測した高周波地震と低周波地震
上：2001年1月に起きた高周波地震
下：2000年11月に起きた低周波地震
高周波地震のほうが振動数が多い（東京大学地震研究所による）

すサインともいえる。当然、富士山噴火においても前触れとなるもので、噴火予知では非常に重要である。

　富士山の地下では現在も、数年間に1回の頻度で低周波地震が起きたり止んだりしている。そのくわしい原因はまだよくわかっていないが、現在のところ、マグマが無理やり地面を割って上昇してくる様子はない。

　なお、低周波地震にはこのほかに、爆発的噴火にともなって発生するものもある。これは、火口直下の火道内に溜まっていたガスが突沸（とっぷつ）する際に、まわりの岩石を揺すって起きる地震である。日本では、桜島火山の南岳火口の地下1キロメートルほどのところでよく起きる。この地震が発生してから約1秒後に、爆発的なブルカノ式噴火が始まるのだ。このあと火口から勢いよく火山灰が噴出するのだが、このタイプの噴火についての詳細は拙著『火山噴火』（岩波新書）を参照していただきたい。

地震をしらべる ③火山性微動

火山で観測される地震には、高周波地震と低周波地震のほかに、「火山性微動」と呼ばれるものがある。噴火が始まる前の兆候として、新聞などにしばしば登場する言葉だ。

火山性微動は火山の周辺だけで観測される、人には感じられないほど小さな地震である。揺れの始まりと終わりがはっきりせず、短いものは数秒程度、長いものは数週間も続くものもある。

一般に火山性微動は、火道の中でマグマや火山ガスが上昇するときに起こると考えられている。このとき火山の下で地下水やガスが震動することで、地震が起きるのだ。また、火口から噴煙を盛んに放出するときにも、火山性微動が発生する。いわば、鍋の中でお湯がぐつぐつと沸騰している状態である。

火山性微動は噴火の直前予測の重要な手がかりとなる。火山性微動が頻繁に起きると、数日から数時間で噴火につながることが多いからだ。こうなると噴火が間近い「スタンバイ状態」となったことを意味するので、火山学者は緊張する。マグマが地表から噴出する前に、火山の近くに住んでいる人々に安全に避難してもらうための仕事が待っているからだ。

このように火山性微動の発生回数が急激に増える様子を過去の噴火と比較して、噴火の時期をおおまかに予測する手法は、これまでハワイのキラウエア火山（本章の扉写真）や北海道の有珠山などで活用されてきた。

火山性地震からわかること

低周波地震、有感地震、火山性微動を合わせて「火山性地震」と呼ぶことがある。これは阪神・淡路大震災や東日本大震災、熊本地震などを起こした「構造性の地震」と区別するために使われている用語である。火山性地震の多くは周辺の住民にも感じられないほど微弱な地震であり、高感度の地震計を用いて初めてとらえられる。

火山性地震のデータは、噴火予知においてきわめて重要である。

一つには、マグマがどこに上がってくるかを予測することができる。多くの活火山の周囲には、地震計が火口の中心を取り巻くように数十ヵ所以上も設置されている。地震計は地面の揺れを、東西、南北、上下といった3成分に分けて記録する。それらのデータを集積することで、地下のどこで地震が起きたかを正確に求めることができるのである。

もう一つ、火山性地震の発生からは、マグマが地上に噴出するまでの時間を推定することもで

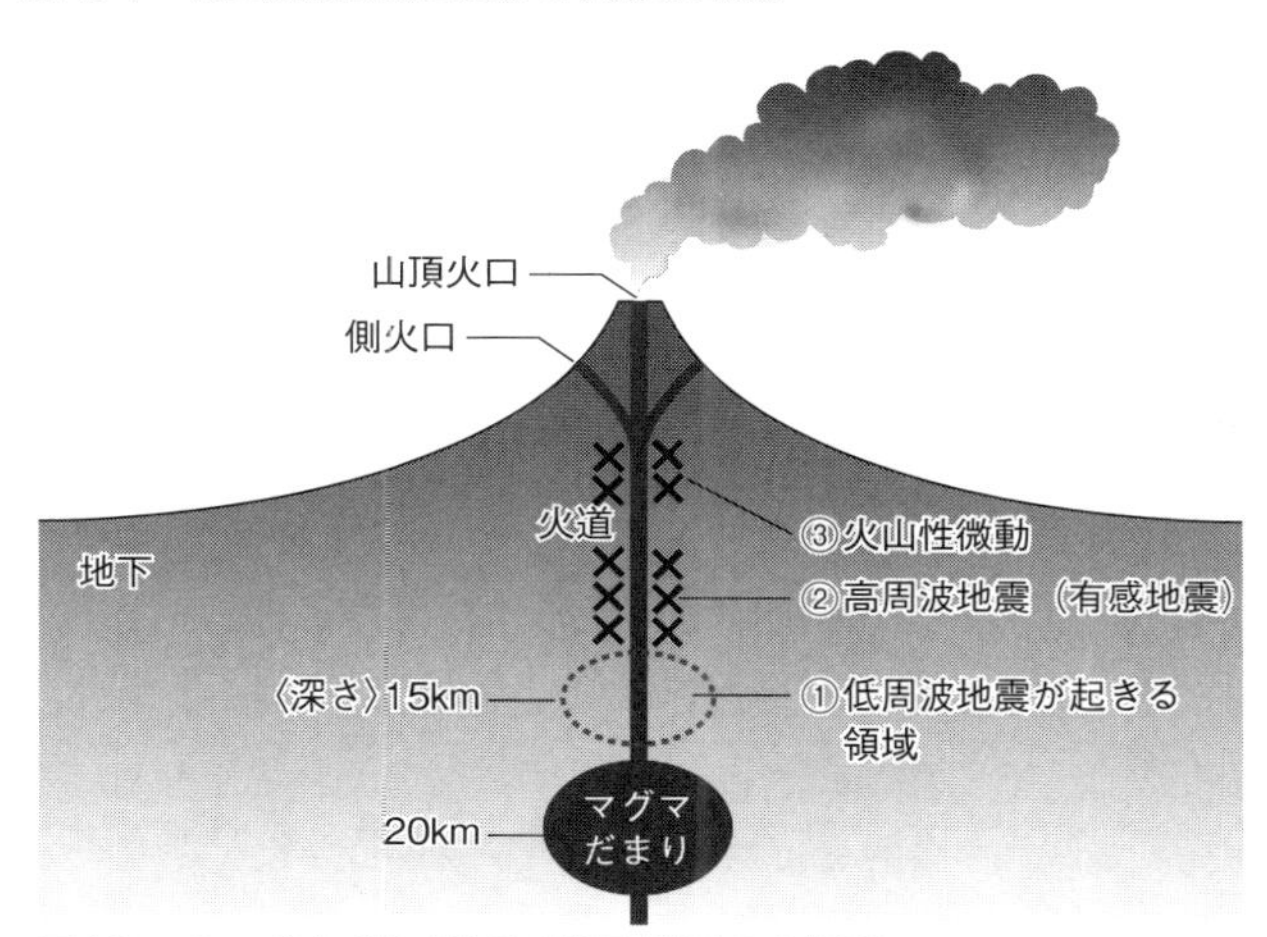

図10－2　噴火前に地下で地震が起こる場所
①マグマだまりの上部近くで低周波地震が起こる
②マグマが火道を上昇して高周波地震が起こる
③噴火が近づくと火山性微動が起こる

きる。たとえば、地震の発生回数が急激に増える様子を、過去の噴火の例と比較して、噴火の時期をおおまかに予測するのだ。

まず地下の深いところで、水などの液体がゆっくりと振動する低周波地震が起こる。次に、マグマが地上へ向けて上昇してくると、火道の途中でガタガタ揺れるタイプの高周波地震が起きる。これはときには、人体にも感じられる有感地震となることがある。その後、噴火が近づくと、比較的浅いところで細かく揺れる火山性微動が発生する。このように地震の起きる深さは、マグマが火道を割って上昇するにしたがい次第に浅くなってゆく（図10－2）。こうした変化を多数の地震計を使って注意深く追いかけると、富士山の直下でマグマがいつ地上に上がってくるかがわかるわけだ。これらのデータは、地震発生と同時に、電話線もしくは電波を通じて観測所に集められる。これを解析することで、火山体の地下のどこでどのような強さの地震が起きたかを、三次元的に突きとめ、マグマの動きを逐一把握するのである。

このように、多様な姿を見せる火山性地震をくわしく観測することで、噴火予知の5要素のうち「どこから（場所）」と「いつ（時期）」については知ることができるのである。

地殻変動をしらべる ①傾斜計

「動かざること山のごとし」は武田信玄の軍旗にある有名な言葉だが、火山の場合はあてはまらない。噴火にともなって、山が膨れたり縮んだりするからである。

噴火の休止期が終了し、下にあるマグマが地上に上がるときには、山体が膨張する。その反対に、マグマが下へ戻るときには、山が収縮する。このような地盤の動きを合わせて地殻変動と総称する。

山が示す膨張や収縮はきわめてわずかなものなので、非常に精確な測定をすることで初めて確認できる。具体的には、火山体をつくる斜面の傾きを傾斜計という精密機器を使って観測する（図10－3）。どのくらい精密かというと、1万メートルの棒の片方が1ミリメートル持ちあがっ

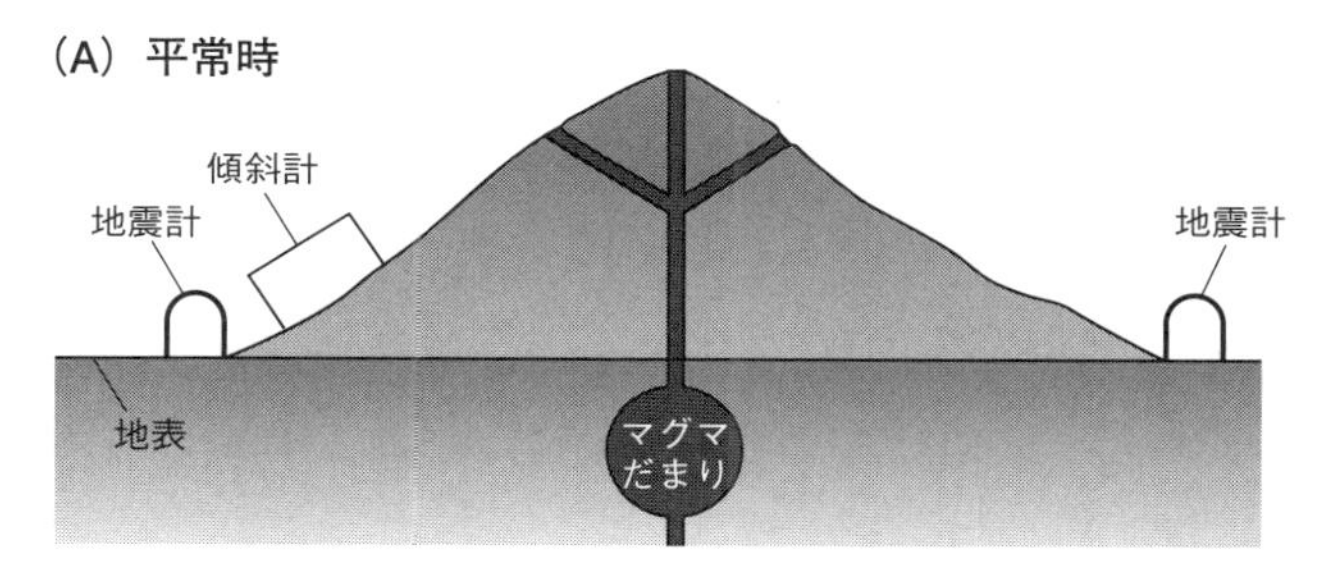

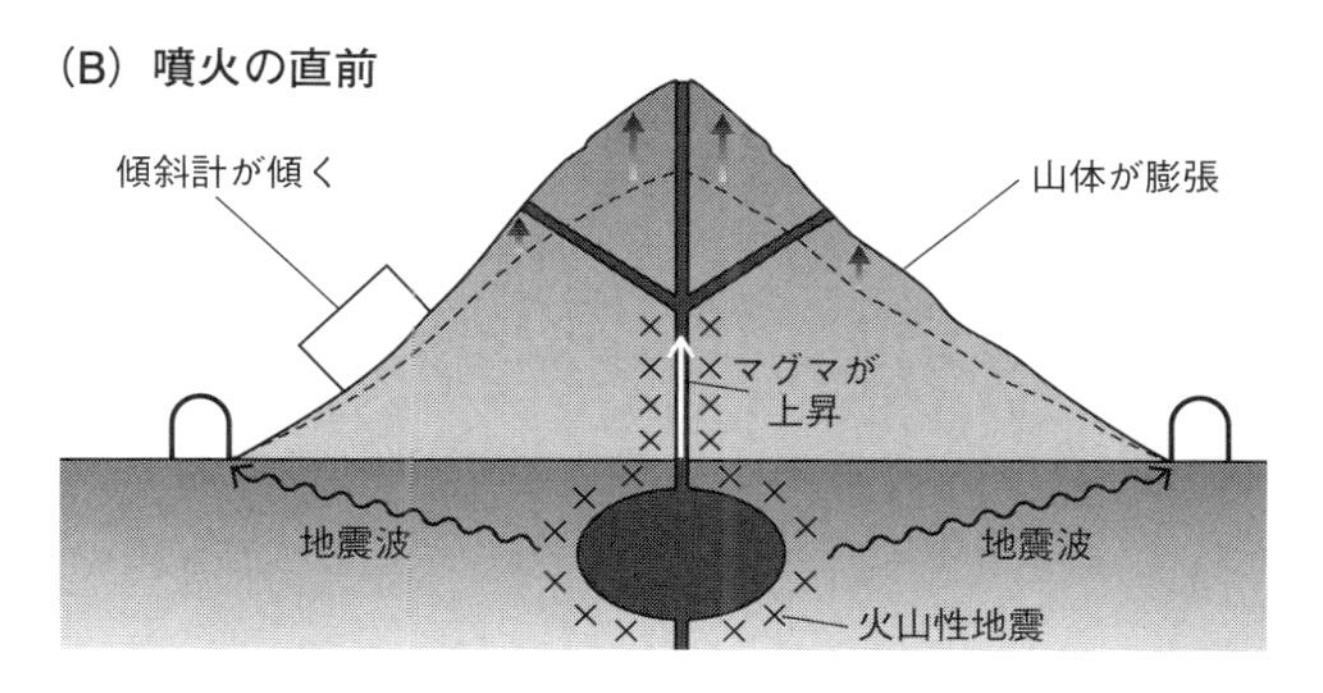

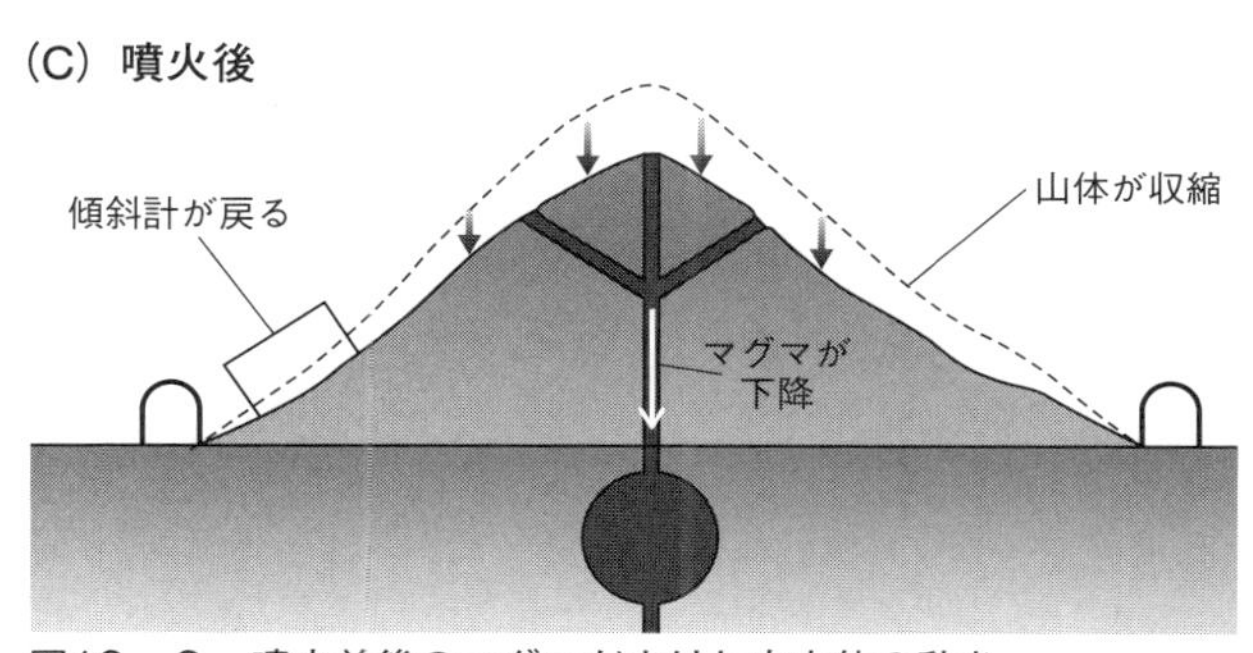

図10－3　噴火前後のマグマだまりと火山体の動き
地震計でマグマの動きを測り、傾斜計で山体の膨張や収縮を測る

たくらいの傾きを測定するのだ。たとえば、餅を焼いて表面が1ミリメートルだけプクッと膨れたのを、1万メートル先から望遠鏡をのぞき込んで見つけることを想像してみてほしい。そのくらい、きわめて精度の高い技術なのである。

傾斜計は一般的には、地面に掘られた坑井の深部に埋設する。これは火山体の周囲に数多くの傾斜計を設置する場合に用いられる方法である。

そのほかに、火山の麓からトンネルを掘って、さらに精度のよい観測をめざす手法もある。具体的には、火山の斜面にトンネルを水平に掘り、その中に水が入った管（水管という）を3本、水平に並べる。これを水管傾斜計という。水管の長さは約30メートル、直径は数センチメートルほどである。水管は直角三角形の3辺となるように並べる。それぞれの水管の両端では、水位は等しい。よって地面がわずかでも傾くと、中に入った水が移動する。この水位の変化を電気的に測定することで、傾斜を調べるのだ。

水管傾斜計を火山体の地下に埋めているのは、ノイズのもとになる温度変化が少ないからである。このように誤差を最小限に減らすことで初めて、火山の傾き、すなわちマグマだまりの膨張現象を細かく測ることができるのである。

たとえば鹿児島県の桜島では、噴火の数分から数時間前に山体がごくわずか膨張しはじめる。そして噴火が終わると、ただちに収縮へと転ずる。このような観測結果がリアルタイムで安全な場所にある火山観測所と鹿児島市へ送られ、噴火の事前に警報が出されている。

地殻変動をしらべる ②GNSSとSAR

現在では、GNSSによる地殻変動の観測も行われている。GNSSとは全球測位衛星システム（Global Navigation Satellite System）のことで、複数の衛星から電波を受け取るアンテナを地上に設置し、自分の位置を正確に把握するしくみである。これはカーナビにも用いられているGPS（全地球測位システム）や、QZSS（準天頂衛星システム）、GLONASS（ロシアの衛星測位システム）、Galileo（EUの衛星測位システム）などを総合したものであり、原理としてはGPSと同じである。

最新のGNSSによって、二つの地点の距離を水平方向で1センチメートル、垂直方向で数センチメートルの精度で測定することが可能になった。精度はさらにどんどんよくなっていて、ミリメートル単位の測定も可能になってきた。

このくらいの精度があれば、地下のマグマの移動によって起きる地殻変動を、かなりくわしく把握することができる。そこで火山体を取り巻くように、GNSSを複数の観測点に設置しているのだ。GNSSによって観測された地面の移動は、国土地理院がインターネットで公表しており、ほぼリアルタイムで見ることができる。

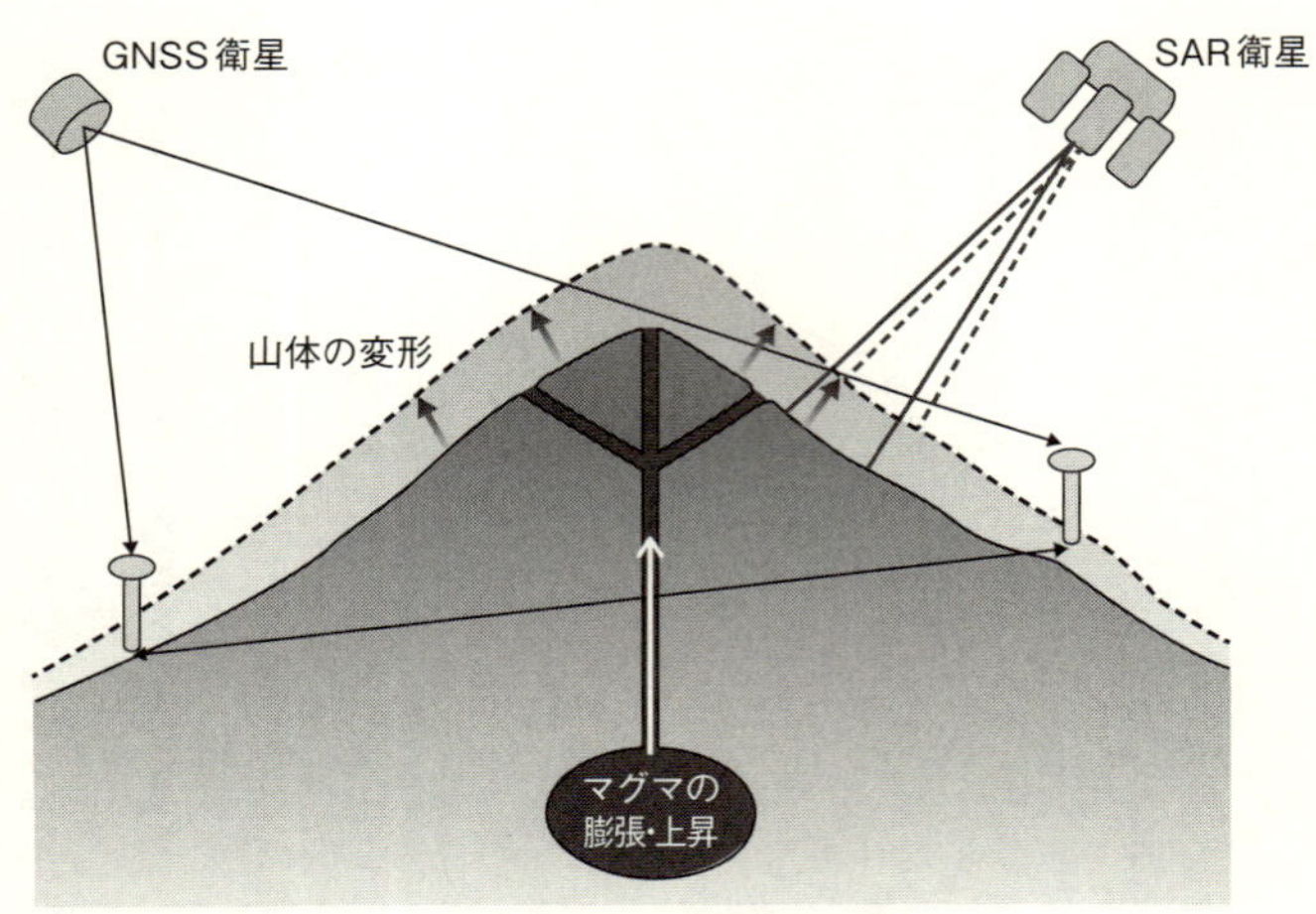

図10－4　GNSSとSARによる地殻変動の観測
GNSS →　２点間の距離の変化を測る
SAR　→　地面全体の変化を測る
（藤田英輔氏による図を一部改変）

さらに最近では合成開口レーダー（ＳＡＲ）も使って地殻変動がとらえられるようになってきた。ＳＡＲ（synthetic aperture radar）とは、人工衛星や航空機にレーダーを搭載し、マイクロ波を発射して地表との距離を精密に測るシステムである。人工衛星や航空機は上空を移動するので、地面が動いた距離を何回も測定することが可能である。したがって、火山の地面の動きが時間ごとにどう変化したか、すなわち地殻変動量を測定することができる。

ＧＮＳＳ観測では地上の2点間の変位がわかるだけだったが、ＳＡＲによる観測では、平面全体の変動をとらえることができる。

地表を線的に観測するGNSSと、面的に観測するSARを併用することによって、地殻変動の時間変化をより三次元的に把握できるようになったのである（図10－4）。

火山ガスをしらべる

マグマに含まれる火山ガスの変化からも、噴火の予兆を知ることができる。多くの活火山では火口から白い噴気が上がっているが、これを分析するのだ。

火山ガスの95パーセント以上は水蒸気である。そのほかの成分には、二酸化炭素、二酸化硫黄、硫化水素、塩化水素などがある。こうしたガスを現地で採取し測定することによって、火山活動の推移を知ることができる。

前述したように、マグマの中には重量の数パーセントほどのガス成分が溶け込んでいる。それらは揮発性成分と呼ばれ、その中で最大の割合を占めるのは水である。マグマの組成にもよるが、総じて水分が7パーセント弱くらい溶解していると考えてよい。

火山体の深部では圧力が高いため、揮発性成分は液体のマグマ中に溶け込んでいる。ところがマグマが上昇を始めると圧力が下がるため、揮発性成分は気体となってマグマより先に地上へ出てくる。これが火山ガスである。

そのため、噴火の前には火山ガスの放出量が増加し、急に噴気が増えてきたのが肉眼でも観察されることがある。なお、報道ではしばしば火山ガスの「濃度」の変化とされることがあるが、最初に変化するのは火山ガスの「放出量」である。

さて、火山ガスの成分をくわしくみていくと、二酸化炭素・二酸化硫黄・塩化水素などの噴気に含まれる成分の比率も変わることがある。たとえば、噴火が近づくと、二酸化硫黄の割合が増えて、噴気の色が白色から青みがかった有色に変化する場合がある。このように火山ガス全体の放出量と、個々のガスの相対的な比率に関する観測データも、リアルタイムの噴火予知に使われている。

火山ガスは、山頂や山腹にある火口から放出されるだけではない。火山体の全体からも、わずかながら火山ガスがゆっくりと滲(にじ)み出て、拡散していることがある。くわしい観測の結果、滲み出る量は、火口から直接放出される量と同じか、もしくはそれ以上の場合もあることがわかってきた。

ただし、火山体の全体から放出される火山ガスの量は、いつでも火口からの放出量と同程度というわけではない。火山の活動時期によって、拡散的な放出がまったくない期間から、火口からの放出量と比べて何桁も多い期間もある。したがって、地震や地殻変動などの活動がまったくみられない時期であっても火山活動の変化が確認できる場合があるので、観測データを蓄積しておかなければならない。

「何月何日に噴火」に科学的根拠はない

わが国では活火山を所掌する気象庁と、各大学をはじめとして、国立研究開発法人である防災科学技術研究所、国土地理院、産業技術総合研究所などが約50の活火山に観測網を展開し、そこで得られたデータは気象庁によって24時間監視されている。

そうした観測結果をもとに、われわれ地球科学を研究する者は「火山学的には富士山は100パーセント噴火する」と説明している。しかし、最初の噴火予兆である低周波地震がいつ始まるかを前もって言うことは、現代の科学技術でもまったく不可能である。

たしかに低周波地震の発生から噴火までには数週間〜1ヵ月ほどの時間を要することは予測しているが、「噴火の数週間〜1ヵ月前」というスタートは、明日かもしれないし、かなり先の数年後かもしれないわけである。だが少なくとも、スタートしてから数週間〜1ヵ月ほどの時間的な猶予はあるので、その間に可能なかぎり準備と対策を講じるべきだと言っているのである。

噴火予知は地震予知と比べると、実用化に近い段階にまでは進歩してきた。しかし、一般市民が知りたい「何月何日に噴火するか」に答えることは、残念ながら現在の火山学ではできない。仮に「何月何日に噴火する」といった風評がメディアやインターネットなどで流れても、科学的根拠はまったくないので信用しないでいただきたい。

マグマの噴出率から予測する

富士山の次の噴火の「いつ（時期）」「どこから（場所）」を予測するとともに、「どのような形態で（様式）」「どのくらいの激しさで（規模）」「いつまで続くのか（推移）」をも予測するには、過去に地下から富士山に供給されたマグマの量を調べるという方法が有効である。地下でどのくらいのマグマが生産されているかは、今後の予測の決め手となりうる。

これまでに富士山から噴出したマグマの量を1000年ごとに合計して比較してみると、非常に興味深いことがわかる。時代ごとに、マグマをたくさん噴出したのか、少しだけしか噴出しなかったかという全体の傾向を読みとることができるからだ。

結論から言うと、富士山は第6章で述べたステージ4が始まる約3200年前を境にして、それ以前はたくさんマグマを噴出し、以後はあまり噴出しなかったのである。

このような時間あたりのマグマの出ぐあいのことを「噴出率」という。ちなみに、46億年の時間を相手にする地球科学では、ある現象が起こる時間的な割合（率）について議論するときに、1000年あたりの値で比べることが多い。地球の動きは緩慢なので、1年あたりの値では小数点以下にゼロがたくさんつく数字を扱うことになり、大変不便だからだ。たとえば活断層が活動的かどうかを表すときも、1000年あたりに地面を動かした量が用いられる。

富士山の噴出率を数字で表すと、3200年以前の噴出率は1000年あたり約2立方キロメートルだったが、ステージ4に入って以後は1000年あたり約1立方キロメートルとなっている。1立方キロメートルとは、1000メートル×1000メートル×1000メートルの立方体の体積であり、10億立方メートル（すなわち10の9乗立方メートル）に相当する。

富士山の1000年あたり1立方キロメートルという噴出率は、実はきわめて大きな数字である。たとえば、雲仙普賢岳の1000年あたりの噴出率は、20分の1の0・05立方キロメートルにすぎない。また、古墳時代に噴火して巨大な溶岩ドームをつくった大分県の九重山でさえ、10分の1の0・1立方キロメートル程度なのだ。いかに富士山がマグマの噴出率が高い火山であるかがわかる。

富士山の噴出率のデータから、今後の噴火について予測を立てることができる。富士山は1707年の宝永噴火以来、およそ300年間もマグマを噴出していない。この間も地下ではずっと1000年あたり約1立方キロメートルのペースでマグマが生産されているとすると、300年間では約0・3立方キロメートルのマグマが蓄積していることになる。

0・3立方キロメートルとは、雲仙普賢岳が1991年から4年半かけて出したマグマの3倍ほどの量になる。もしもこれだけのマグマが一気に噴出すると、宝永噴火のような大噴火になる。逆に少しずつ出れば、小規模な噴火が何十回にも分かれて長期間続くことになる。

過去の富士山噴火で一回に出たマグマの量を調べてみると、0・3立方キロメートル以上のマグマを出した大規模な噴火は、最近3000年間に7回ほど起こっている。その代表格は864年の貞観噴火（1・4立方キロメートル）と1707年の宝永噴火（0・7立方キロメートル）である。

それに対して、これよりも1桁小さな（0・03立方キロメートル程度の）中規模の噴火は、20回ほど起きている。また、さらに1桁小さな（0・003立方キロメートル程度の）小規模の噴火は、100回以上にもなる。

ここで大事なことは、大きな噴火ほど起こりにくく（頻度が低く）、小さなものほどしばしば起こる（頻度が高い）という事実である。これは地学現象に特徴的なことで、火山の噴火にも地震の発生にも当てはまる共通の性質なのである。すなわち富士山でも、大噴火はまれにしか発生せず、小噴火は比較的、頻繁に起きてきたといってもよい。

ここで、富士山が噴出したマグマの体積をより読者にも実感しやすいように、東京ドームでは何杯分になるか換算してみよう。東京ドームの体積は0・00125立方キロメートルなので、1立方キロメートルは、東京ドーム800杯分に相当する。

前述のように3200年前以後のステージ4とステージ5では、1000年あたりの噴出率は約1立方キロメートルである。なかでも最大規模の貞観噴火では、東京ドーム約1000杯分のマグマを流出し、広大な青木ヶ原溶岩を残した。また、二番目の規模の宝永噴火では、東京ドーム約500杯分のマグマを上空に噴き上げ、関東一円に火山灰を降り積もらせた。

そして、宝永噴火後の約300年間で0・3立方キロメートルのマグマが地下に蓄積しているということは、東京ドーム約240杯分のマグマが次の噴出を待っていることを意味する。

さらに近年では、第8章で述べたように、2009年に富士山周辺の地面が北東－南西方向に伸張した。GNSSの観測によれば、1年あたり2センチメートル伸びたことがわかっている。この現象を地下の動きに換算すると、東京ドーム8杯分のマグマが地下15メートル付近で増量したことに相当するのである。

噴火の休止期はいつ終わるか

たしかに富士山はいま、300年間の沈黙を保ったままであるが、今後も噴火をまったく起こさずに100年くらい、せっせとマグマを地下にため込むこともありうる。

人間は自然のメカニズムを、ごく一部しか理解していない。休止期はまだ延びることもあるかもしれないのだ。だがそうなると、次に噴火したときにはさらに大量のマグマを噴出することになるので、防災上はあまり歓迎したいことではない。

一般に、マグマがときどき、ほどよく出ている分にはたいした噴火にならないのだが、ため込んでいっぺんに出されると、非常に厄介なのである。人間にたとえれば、ふだんあまり怒らない人がストレスをため込んで怒ったらとても恐い、というのに似ている。

富士山の休止期がどのくらい続くかを考えてみよう。これまでの噴火史を振り返ってみると、平安時代から室町時代にかけての350年間に、噴火の記録がない時期がある（第6章の図6-6参照）。具体的には1083年から1435年までの間で、歴史記録に富士山噴火の記述がまったく残っていないのだ。したがって300年間の休止期があと50年くらい延びても、それほど不思議なことではない。

もっとも、古文書に記録が残らなかった噴火が存在する可能性も考えられる。したがって、本当に350年間噴火がなかったかどうかには、議論の余地がある。

一方で、過去2000年間の歴史時代には、富士山は75回ほどの噴火を記録している。これを単純に割り算してみると、30年に1回くらいは噴火を起こしてきたことになる。なお富士山の噴火年代の推定に関しては、放射年代測定などを用いて地質学的な調査から噴火年代を割り出す方法と、古文書などの文献記録から噴火した年を探り当てる方法の二つがあるが、ここでは両者を合わせて噴火の頻度を計算している。

これらを考えあわせると、富士山が江戸時代から300年間もマグマを出してこなかったことは、たしかに異常なことである。マグマを地下にためつづけている富士山は、不気味な存在であ

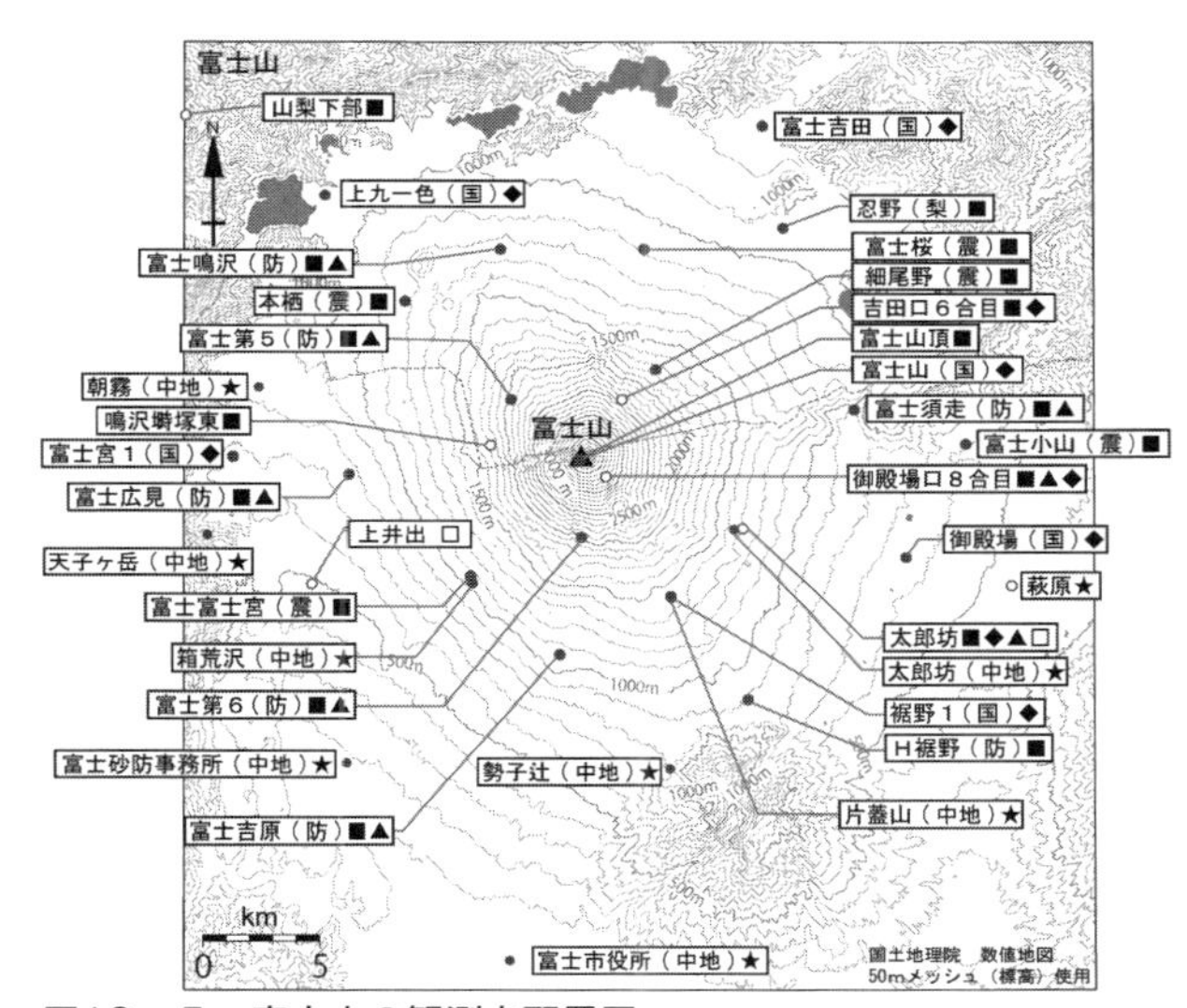

図10－5　富士山の観測点配置図
■地震計　★監視カメラ　◆GNSS　▲傾斜計
□空振計（空気振動を観測する計器）
○は気象庁、●は気象庁以外の機関の観測点を示す。
（国）国土地理院　（防）防災科学技術研究所
（震）東京大学地震研究所　（中地）中部地方整備局
（梨）山梨県

ることは間違いない。だが、現在では富士山を取り囲むように数多くの観測点で、低周波地震、山体の膨張、火山ガスの変化などの諸現象が観測されている（図10－5）。噴火の兆候が数週間から1ヵ月前には必ず発見できる態勢ができあがっているのだ。直前予知は十分に可能と言っても差し支えないだろう。

第11章 活火山の大いなる「恵み」

富士山からの雪解け水が地下から湧き出してできた忍野八海の湧水群

ここまで述べたように、われわれが親しんでいる富士山には、自然災害というおそるべき別の〝顔〟がある。そして、３００年間も保ってきた沈黙は、いまやいつ破られてもおかしくない。そういう状況のもとでわれわれは日々、生活している。

しかし、ならば富士山はわれわれにとって災いをなすだけの魔の山かといえば、もちろんそうではない。はるか昔から、富士山は日本人にはかりしれない恵みをもたらしてきた。そのなかには誰でも知っているものもあれば、そうとは知らずに享受しているものもあるだろう。

自然の脅威に対しては、むやみに恐れるのではなく、「正しく」恐れなければ立ち向かうことはできない。そのためには脅威の正体をよく知らなくてはならない。富士山噴火がもたらす災いと恵みは、実は表裏一体の関係にある。

最終章では、富士山をよりよく知るために、富士山噴火の恵みについて見ていきたい。そして最後に、巨大噴火と巨大地震のリスクがつきまとうこの国でどう生きるかについて、私からのメッセージを添えたいと思う。

温泉と湧き水

火山の恵みの代表格として、多くの人が思い浮かべるのは温泉だろう。日本列島には１１１の活火山があり、これは実に、世界の活火山の１割にも相当する。そのおかげで日本では、全国いたるところで温泉が湧出している。

温泉とは、地下深くまでしみこんだ雨水が火山の下でしばらく地下水として滞留し、やがて深さ10~20キロメートルほどにあるマグマに熱せられて、地表に上がってきたものである。

日本で初めて温泉を発見した人物としては奈良時代の僧・行基（ぎょうき）など、各温泉地でさまざまな名前が挙がっている。いずれも伝説の域を出ない話ではあるが、いずれにしても日本人は火山近くを流れる川の底から湧き出している温泉を、自然の大いなる恵みとして利用してきた。

そして現在では、自噴しているところ以外でも、1000メートルほどの深さまで掘削することで、100度以上の熱湯を得ている。たとえば、富士箱根伊豆国立公園には、全国的に名前の知られた温泉が数多く存在する。こうした火山国ならではの多彩な情趣にあふれた温泉は、長きにわたって日本人の心身を癒（いや）してきたばかりでなく、いまや世界から多くの人が訪れる、わが国の大きな魅力の一つとなっている。

また、日本列島には金や銀などの地下資源が豊富なのも、マグマによって温められた熱水が地下を循環しているからだ。すなわち、長い年月をかけて、マグマ溜まりの周囲からさまざまな元素が熱水に溶け込んで、濃集することで多様な鉱物となった。こうした有用な地下資源を産み出した原因の一つが、火山活動なのである。

さらに温泉は、地熱発電の熱源としても利用されている。現在、本格的に稼働しているのは東北地方や九州地方だが、再生可能エネルギーの重要性が叫ばれるいま、世界有数の火山国であることの強みをさらに発揮するポテンシャルを、日本は秘めている。すでに観光資源として確立している温泉文化を守りつつ、地熱発電所がいま、地域に根ざした新しい火山の恵みとして注目を集めているのである。

これらはいずれも、火山の恵みを熱い温泉として活用した例であるが、実は冷たい水にも、火山の恩恵といえるものがある。

火山体の斜面は、流れ出たマグマが冷えて固まった溶岩や火山灰で覆われている。そして溶岩の表面には、ガスが抜けるときにできる割れ目や、気孔と呼ばれる穴が無数にあいている。その上に降った雨水は、溶岩の割れ目や火山灰層から地下にしみこみ、ガサガサの火山噴出物を通り抜けるあいだに濾過されて、非常に澄んだ水となる。また、その途中では微量のミネラル分が付加されることもある。

このような水が地下深くを流れていき（伏流水という）、やがて山麓で地上にこんこんと湧き出したものが、冷たくて味のよい湧き水となるのである。

日本一高い富士山の麓では、山梨県忍野（おしの）村の忍野八海（はっかい）（本章扉写真）や静岡県清水町の柿田川公園（図11－1）など、美しい湧水が見られる場所が広く散在している（図11－2）。温泉とともに人々の心身をおおいに癒してくれるこれらの湧水もまた、火山の恵みなのである。

図11－1　柿田川公園の湧水群

また、それだけでなく、澄んだ湧水やそれが流れる清流は、地域の産業をも育んできた。たとえば静岡県三島市では、富士山がもたらす豊富な湧水を利用したウナギが地元の名産となっている。

生活基盤とリゾート

だが、火山の恵みとして第一に挙げるべきは、火山活動によって平らで広い大地がつくられたことだろう。すなわち、溶岩流・火砕流や火山灰など、大量の噴火堆積物が山々を覆い、平坦な裾野や扇状地をつくったのだ。そのおかげで、人々はその土地で農業を営み、集団で定住し、生活することが可能になったのである。

とくに富士山は10万年という年月をかけて噴火を繰り返してきた成層火山である。しかも、富士山から出る溶岩は玄武岩からなるため粘性が低く、さら

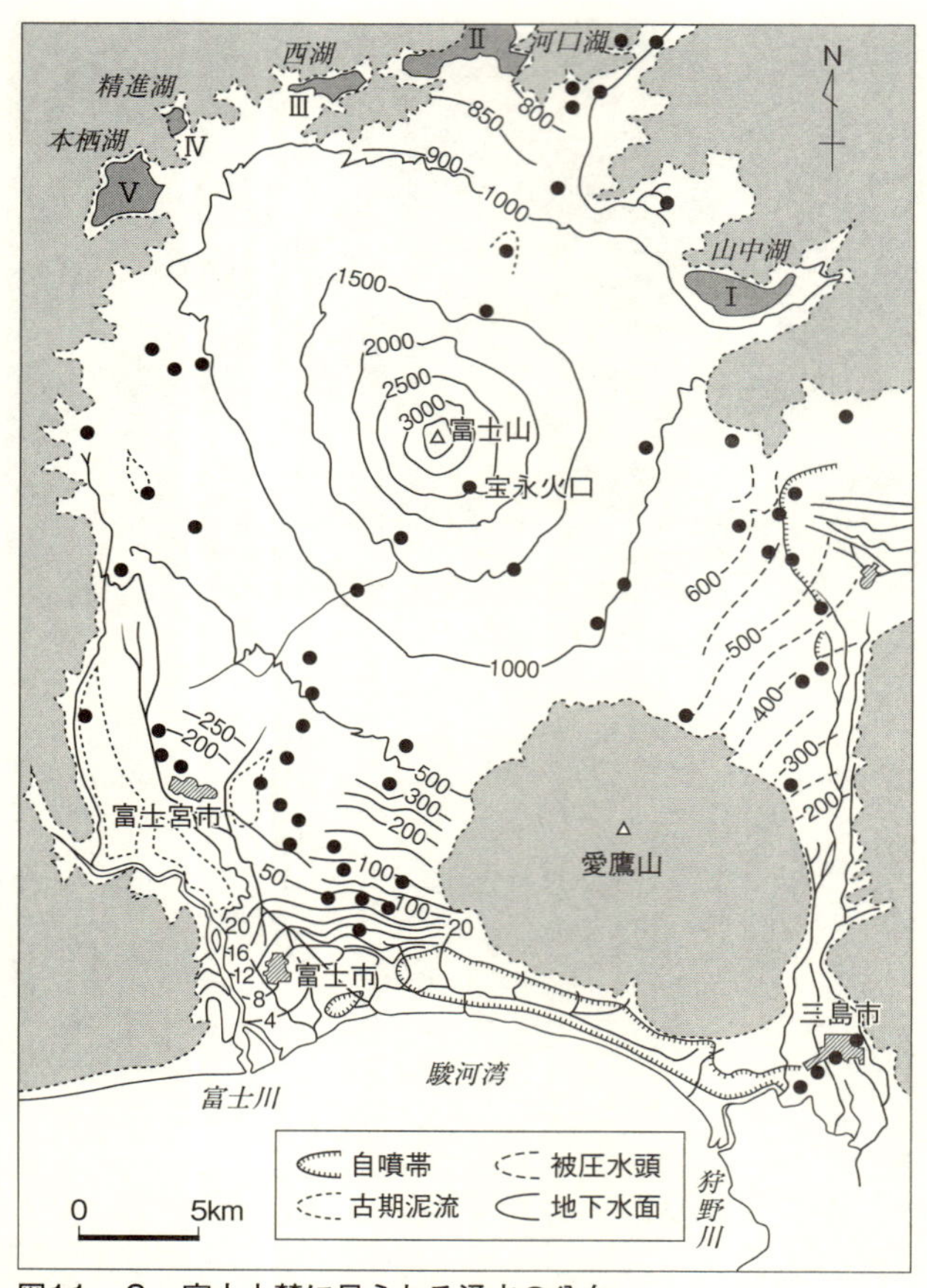

図11－2　富士山麓に見られる湧水の分布
（森和紀氏による図を一部改変）

さらとしている。そのため、非常に遠くまで流れていく。それは噴火の被害を大きくもしたであろうが、その結果、火口の全周には広大な裾野と扇状地が形成され、山岳の多い地域としては非常に貴重な農業の適地となった。また、火山の噴出物にはミネラルや養分が含まれていることも大きな利点であった。

こうして、富士山麓ではさまざまな農作物の栽培のほか、酪農も盛んになった。富士山は人間に、広大な生活基盤を与えたのである。日本には「災い転じて福となす」という諺があるが、まさに富士山噴火はそのとおりの現象だったのだ。

人は暮らしが成り立つと、次には潤いを求める。この点でも、富士山の恵みは大きい。『万葉集』以来、幾多の文学や芸術にとりあげられ、日本人を魅了してきた富士山の姿は、世界の成層火山の中でも屈指の美しさである。しかもそこには、富士五湖や白糸の滝など、火山がつくる地形ならではの造形美が内包されている。もし富士山の火山活動がなければ、その周辺は切り立った山々ばかりの荒涼とした風景だったはずである。

富士山の北麓に拡がる青木ヶ原溶岩は、富士山が平安前期にもっとも大量の溶岩を出した貞観噴火の産物である（第6章の図6－8参照）。このとき流れ込んだ大量の溶岩が巨大な湖（剗（せの）海（うみ））を二つに分断した結果、現在の西湖と精進湖ができた。当時は富士山北麓には四つの湖があったのだが、これによって現在の富士五湖ができた。

富士五湖は山梨県有数のリゾート地であり、溶岩が流れ出た空洞にできた氷穴や風穴は、著名な観光地となっている。青木ヶ原溶岩は現在はうっそうとした密林で覆われて青木ヶ原樹海と呼ばれているが、ここにも「溶岩じわ」「溶岩樹型」「溶岩丘」「溶岩堤防」「スカイライト」など、火山がつくった特異な地形が残されていて、見どころとなっている。

国立公園の9割は火山地域

ここで少しだけ富士山を離れて、日本における火山とリゾートの関係をみておきたい。現在、日本には34ヵ所の国立公園があるが、実はそのうちの9割が火山地域にある（図11－3）。噴火がつくり出す起伏に富んだ地形や美しい湖沼は、日本が誇る火山の恵みなのである。

もちろん富士山地域は富士箱根伊豆国立公園になっているが、以下に、そのほかの国立公園にある代表的な火山を北から概観してみよう。

北海道では、大雪山国立公園に活火山の十勝岳があり、阿寒摩周国立公園には活火山の雌阿寒岳や、カルデラ湖の摩周湖をもつアトサヌプリがある。また、支笏洞爺国立公園は非常に整った円錐形の姿から「蝦夷富士」と呼ばれている羊蹄山や、有珠山を含む。

東北地方では、十和田八幡平国立公園に八甲田山、秋田駒ヶ岳があり、磐梯朝日国立公園には月山や安達太良山、そして明治時代に大噴火した磐梯山がある。裏磐梯の美しい湖沼群は、18

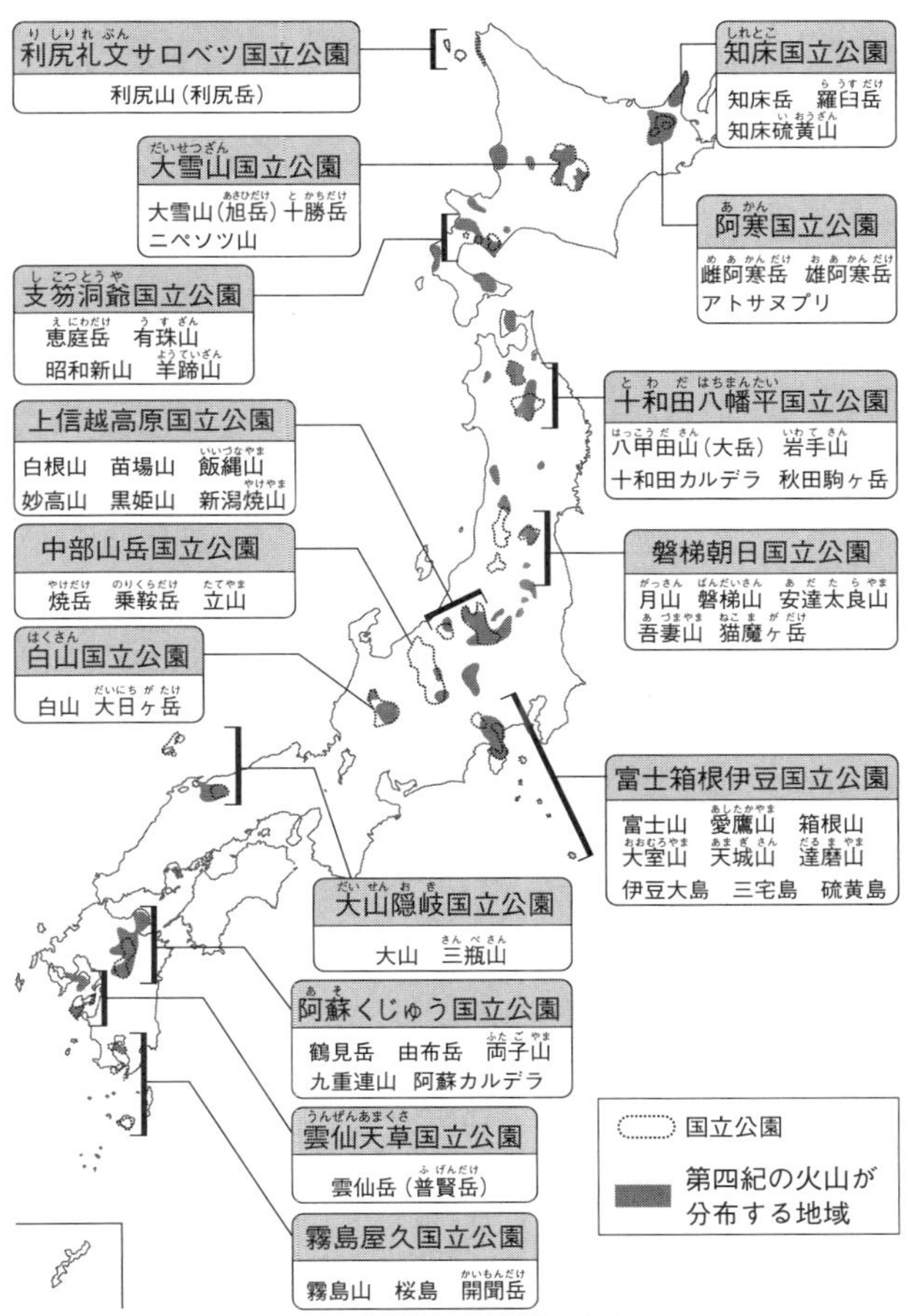

図11－3　国立公園の9割が火山地域からなる

８８（明治21）年に起きた山体崩壊によって川が堰（せ）き止められてできたものだ。

関東地方では、日光国立公園に那須岳があり、尾瀬国立公園の中にある燧ヶ岳（ひうちがたけ）も活火山である。また、東京都のはるか南方海上にある小笠原国立公園も、火山島の連なりである。上信越高原国立公園には鬼押出溶岩で有名な浅間山周辺の別荘地があるが、これはもとはといえば１７８３（天明３）年に起きた浅間山大噴火の賜物である。

中国地方では、大山隠岐国立公園にある大山も三瓶山（さんべさん）も火山である。大山は美しい形状から「伯耆富士（ほうきふじ）」と呼ばれている。

九州地方では、阿蘇くじゅう国立公園に、私が20代のときから研究を続けている活火山の阿蘇山と九重山がある。また、雲仙天草国立公園と霧島錦江湾国立公園も、近年にそれぞれ活発な噴火を起こした雲仙普賢岳と霧島山を抱えている。

こうした火山の麓ではいずれも水が湧き出ており、北海道の羊蹄山から阿蘇の白川水源まで、名水の産地が至るところにある。環境省の「湧水保全ポータルサイト」を見ると、火山地域が多いことに驚かれるだろう。そのいくつかは「名水百選」にも選ばれている。

ここに挙げた火山は、それぞれの国立公園のごく一部を形成しているにすぎない。だが、景観を生み出した源はこれらの火山であることは、ぜひ知っておいていただきたい。

長い恵みと短い災い

　火山噴火による災害をテーマとする本書で、こうして火山の恵みを紹介しているのには、それなりの理由がある。災害という負の面だけを強調して伝えても、一般の人々にはそれが自分にも関係することとして感じられないのである。

　人間は危険や恐怖を感じる話をインプットされると、忘れようとする心理が働く。だから怖い話だけをしても、防災教育としては成果が上がらないのである。にもかかわらず、「脅しの防災」ともいうべき教育手法が長年続けられた結果、噴火についての話は一般の人々に避けられてしまうようになったのだ。

　もちろん、火山にはいったん噴火が始まれば生命と財産が奪われるという側面がある。しかし、決してそれだけが火山のすべてではなく、長い目で見れば、平らで豊かな土地と生産物という恵みも人間にもたらしてくれた——こうした話を加えると、人々が火山の噴火に関心を持って話を聞くようになるという傾向があるのだ。

　富士山が現在のような美しい円錐形になってから、数千年が経つ。富士山の場合、噴火は数週間ほどの期間で収まり、残りの数百年の休止期には、さまざまな恵みが与えられる。江戸時代に最後の噴火をしてから３００年もの間、われわれはその恩恵にあずかってきた。

つまり、災害が起きている期間は、起きていない期間に比べ、はるかに短い。それが過ぎれば、ふたたび長いあいだ、恩恵を受けることができる。ここには「災害は短く、恵みは長い」という法則を見いだすことができる。

江戸時代の宝永噴火の翌年には、富士山の登山客が2倍に増えたという。日本人は新しい物好きなので、噴火の跡を一目見ようという人が多く詰めかけたのであろう。宝永噴火や桜島の大正噴火のような大噴火が、日本列島では100年間に数回は襲ってくる。しかし、私たちの先人は何度も被害に遭いながら、そのつど暮らしや文化を育てていき、活火山と共存してきた。

ひとたび噴火が起こったときは、火山学をはじめとする科学の力で、可能なかぎり被害を小さくする。そして噴火が終息したあとはまた、火山の恵みをゆっくりと楽しむ。富士山噴火を知ることは、こうした生き方を知ることにつながる。そしてこれこそは、世界でも例がないほど火山が密集する日本列島で「しなやかに」生き延びる知恵といえるのではないだろうか。

「長い恵みと短い災害」という視点を持ちつつ活火山と上手につきあっていくことを、私はぜひ提案したいのである。

「長尺の目」で富士山を見る

ところで、富士山を眺めるときには、その自然史にも思いを馳(は)せていただきたい。第9章で述べたように、富士山は2900年前に山体崩壊を起こし、（人間の目から見れば）その姿が醜く崩れてしまった。しかしその後、山頂から再び溶岩が何回もあふれ出し、少しずつ凹凸が埋められ、ようやく均整のとれた現在の円錐形ができあがった。それまでには、実に1000年以上の時間がかかっているのである。

古来、日本人は富士山の美しさを讃え、愛してきたが、それはたまたま幸運にも、富士山の姿がもっともよい時期にこの世に生を享けたから、とも言える。私は「長尺の目」と呼んでいるのだが、ぜひこうした長期の視点でも、富士山という大自然をとらえていただきたい。

というのも、100年や1000年という時間軸でものを見て、考えることが、日本に暮らすわれわれの生き方や文化を変えることにつながるからである。

たとえば2030年代の発生が確実視されている南海トラフ地震は、これまで100年に1回の頻度で起きてきた。また、東日本大震災を起こしたM9クラスの地震は、1000年に1回、起きていた。このような、日常生活では考えもしない時間軸で、日本列島は動いている。そしてわれわれは、その上に住んでいるのである。こうした事実に目を背けることなく、100年や1000年のスケールでものを見てじっくりと考える文化をこれから創出しなければならない。そうして初めて、われわれは世界屈指の変動帯の上での生活を持続できるのである。

ただ一方で私は、日本人はこうした「長尺の目」を持って生きることが本当は得意なのではないか、とも考えている。いま火山の巨大噴火の歴史を見れば、７０００年ほど前、日本列島の大部分が噴火による火山灰で覆われたことがある。鹿児島沖の薩摩硫黄島で起きたカルデラ型の巨大噴火であり、このとき、大規模火砕流に襲われた縄文人が絶滅してしまった。

そのひとつ前をさかのぼれば、巨大噴火は２万９０００年前に鹿児島湾で起きている。12万年前から現在までの間に、日本では18回ほどこうした激甚火山災害が起きていることがすでにわかっている。すなわち１０００年に一度の大地震だけでなく、７０００年から１万年に１回くらいで起きる大噴火も、やがて必ず襲ってくるのである。

だが、こうした一見、絶望的にも思える変動帯・日本列島に暮らしていても、われわれの祖先は死に絶えることなく、現在まで発展を続けてきた。いわば、巨大地震と巨大噴火の中で生き抜くＤＮＡを持っているとも考えられるだろう。よって、あまりうろたえずに、「長尺の目」と科学の力によって、１０００年や１万年という時間単位で起きる地球イベントを上手にかわそうというのが、富士山を長年見つづけてきた私からのメッセージである。

東日本大震災から始まってしまった「大地変動の時代」は、日本人全員が力を合わせるためのまたとない機会でもある。四季折々の美しい自然と共存してきた生命力が、われわれにはあるのではないだろうか。このことも日本列島の火山を40年以上見つづけてきた地球科学者の視座として、ぜひお伝えしたい。

あとがき

富士山は「日本を代表する山」とよくいわれるが、実は火山学的にはそうではない。たとえば『広辞苑』で【代表値】と引くと、「統計で、資料の客観的尺度とする数値。平均値・中央値など」とある。このような定義で考えると、富士山が「日本を代表する山」であるという言い方には問題が出てくるのだ。

何といっても富士山はわが国最大の火山であり、平均値や中央値ではない。それどころか、このように巨大な山体が日本列島の中央部に形成されたこと自体が、特異な地学現象といえる。

また、粘性（粘りけ）の小さな玄武岩マグマが大量かつ短時間に噴出することや、それにもかかわらず噴火がしばしば爆発的であったことも、日本の活火山に「平均的」な現象では決してない。とくに、最新の噴火である江戸時代の宝永噴火は、富士山の噴火史の中でも際だって珍しいプリニー式の大噴火だった。「日本を代表する」と言うには、富士山はあまりにも変わった性格をもつ「巨大」活火山なのである。

そんな変わり者だけに富士山は、これまでさまざまに異なるタイプの噴火を起こしてきた。「噴火のデパート」と呼ばれる所以がここにある。だから富士山で起きる現象をよく知れば、ほかの多くの火山で起きる噴火に対処する方法も確実に見えてくる。日本列島にはいつ噴火しても不思議ではない活火山が111個もある。富士山について学んだ知識は、広く応用が可能なのである。ただ、それゆえに富士山には、次の噴火がどのようなタイプの噴火になるのか、予測をつけにくいという難しさがある。本書で述べてきたように、2030年代に控えている南海トラフ巨大地震が富士山噴火を誘発し、複合的な甚大災害となる可能性も小さくない。

こうした状況ではなおのこと、事前に正確な知識をもっておくことが重要となる。不意打ちを受けたときに人はうろたえ、被害は増大する。その反対に、事前に準備すれば、助かる確率は一気に上がる。よって私は、講演会やテレビ出演では必ず、「いまから備えれば助かる確率は8割に上がる」と言っている。

来るべき富士山噴火の被害を最小限にするため、なすべきことは枚挙にいとまがない。行政には、公共施設の建築、高速道路や鉄道の整備、危機管理システムの構築が求められる。首都機能の分散も忘れてはならないし、防災専門家の養成も急務だ。

しかし、何より大切なのは、日頃からひとり一人が国や自治体まかせにはせず「自分で知識を得て、自分で守る」という意識をもつことだ。ハザードマップを入手して、自身の住居や勤務地などの生活圏と、噴火被害がおよぶ範囲との関係を把握しておくことも、備えとして有効である。

本書では構成の都合により割愛したが、ハザードマップのカラー版は前著『富士山噴火　ハザードマップで読み解く「Xデー」』に多数掲載しているので、ぜひ電子版でご覧いただきたい。

一方で、「地面は揺れ、山は火を噴く」ことは、日本列島に住む者にとって避けることのできない現象でもある。どれだけ科学技術が発達しても、火山の噴き出す膨大なエネルギーの前には、人間はただ逃げることしかできないのだ。

われわれ火山学者は、噴火の最初の兆候だけでも事前に察知して、国民に安全に避難していただきたいとの思いから、噴火予知の研究に没頭している。人知を超える自然をコントロールすることは無理でも、噴火災害を「科学」の力で軽減することは可能だからだ。

だがそれでも、自然はつねに人間の浅い考えをはるかに超えてしまう。噴火においてもしばしば、専門家が予測もしないことが起きる。それを痛感しているのもまた、火山学者なのである。

もっとも見方を変えれば、予測した以上の現象が起きたことによって火山学は進歩してきたとも言えるだろう。災害と科学の進歩は、表裏一体なのだ。

日本は世界でも有数の「変動帯」にある火山国であり、地震国である。このような国に暮らす者としての「生き方」について、私たちはもっと知ること、考えることが必要である。そのためには、火山にたずさわる行政の防災担当者、理科教育の関係者、そしてマスメディアの役割はきわめて重要だ。もちろん火山学者にとっても、市民の目線に立ったアウトリーチ（啓発・教育活動）は必須の使命である。

私自身は、世代を超えて富士山について楽しく学んでもらうため、児童書や漫画を交えた解説書で防災を語ってきた。子ども向けの本としては『火山の大研究』（ＰＨＰ研究所）、『まるごと観察富士山』（誠文堂新光社）があり、また、漫画家の高世えり子氏との共著で『もし富士山が噴火したら』（東洋経済新報社）を刊行した。いずれも子どもたちにとって親しみやすいだけでなく、ざっくりとした概要を最初に知る「大人の入門書」としても活用していただけるのではと思っている。

日本列島は１０００年ぶりの「大地変動の時代」に入ってしまった。この時代を生き延びるために最も重要な心得は、「知識は力なり」である。これは16世紀イギリスの思想家フランシス・ベーコンの言葉だ。そして知識の源泉は今も昔も、わかりやすく書かれた本にあると私は思う。ぜひ本書によって大地に関心をもち、噴火災害に備えていただきたいと願う。富士山についての知識を得ることを通じて、日本という国土についての読者のリテラシー（理解能力）が上がれば、それこそ著者の喜びにほかならない。

最後になりましたが、講談社ブルーバックスの山岸浩史氏には、前著とともに今回も大変にお世話になりました。ここに厚くお礼申し上げます。

令和元年５月

１０００年前に富士山を愛でた万葉人を想いつつ

鎌田浩毅

【や行】

【ら行】

【わ行】

【アルファベット・数字】

【ま行】

【な行】

【は行】

【た行】

【さ行】

さくいん

※図版中の用語は数字を斜体で示した

【あ行】

【か行】

N.D.C.450　270p　18cm

ブルーバックス　B-2094

富士山噴火と南海トラフ
海が揺さぶる陸のマグマ

2019年5月20日　第1刷発行
2024年10月9日　第8刷発行

著者　鎌田浩毅
発行者　篠木和久
発行所　株式会社講談社
〒112-8001　東京都文京区音羽2-12-21
電話　出版　03-5395-3524
販売　03-5395-4415
業務　03-5395-3615
印刷所　(本文印刷) TOPPAN株式会社
(カバー表紙印刷) 信毎書籍印刷株式会社
製本所　株式会社国宝社

定価はカバーに表示してあります。

ISBN978－4－06－516043－5

発刊のことば

科学をあなたのポケットに

二十世紀最大の特色は、それが科学時代であるということです。科学は日に日に進歩を続け、止まるところを知りません。ひと昔前の夢物語もどんどん現実化しており、今やわれわれの生活のすべてが、科学によってゆり動かされているといっても過言ではないでしょう。

そのような背景を考えれば、学者や学生はもちろん、産業人も、セールスマンも、ジャーナリストも、家庭の主婦も、みんなが科学を知らなければ、時代の流れに逆らうことになるでしょう。

ブルーバックス発刊の意義と必然性はそこにあります。このシリーズは、読む人に科学的に物を考える習慣と、科学的に物を見る目を養っていただくことを最大の目標にしています。そのためには、単に原理や法則の解説に終始するのではなくて、政治や経済など、社会科学や人文科学にも関連させて、広い視野から問題を追究していきます。科学はむずかしいという先入観を改める表現と構成、それも類書にないブルーバックスの特色であると信じます。

一九六三年九月　　野間省一